MindMaster

实践

用思维导图画出你的答案

董海韬　陈星云◎著

北京大学出版社
PEKING UNIVERSITY PRESS

内 容 简 介

《MindMaster实践：用思维导图画出你的答案》是一本介绍如何运用思维导图来提高工作效率和解决问题能力的实用指南。全书分为四部分：思维工具、思维创新、思维管理、高效学习，围绕职场思维导图的基础知识、应用技巧、软件的介绍和操作、案例分析、进阶技巧，结合实战训练展开讲解。这是一本内容丰富、实用性强的思维训练指南，适合所有需要提高工作效率和解决问题能力的职场人士阅读。

图书在版编目(CIP)数据

MindMaster实践：用思维导图画出你的答案 / 董海韬，陈星云著. —— 北京：北京大学出版社，2024.11.
ISBN 978-7-301-35686-9

Ⅰ. B804-39

中国国家版本馆CIP数据核字第2024YR5447号

书　　　名	MindMaster实践：用思维导图画出你的答案
	MindMaster SHIJIAN：YONG SIWEI DAOTU HUACHU NI DE DAAN
著作责任者	董海韬　陈星云　著
责任编辑	王继伟　刘羽昭
标准书号	ISBN 978-7-301-35686-9
出版发行	北京大学出版社
地　　　址	北京市海淀区成府路205号　100871
网　　　址	http://www.pup.cn　新浪微博：@北京大学出版社
电子邮箱	编辑部 pup7@pup.cn　总编室 zpup@pup.cn
电　　　话	邮购部 010-62752015　发行部 010-62750672　编辑部 010-62570390
印　刷　者	河北博文科技印务有限公司
经　销　者	新华书店
	720毫米×1092毫米　24开本　7.5印张　189千字
	2024年11月第1版　2024年11月第1次印刷
印　　　数	1-4000 册
定　　　价	69.00 元

未经许可，不得以任何方式复制或抄袭本书之部分或全部内容。
版权所有，侵权必究
举报电话：010-62752024　电子邮箱：fd@pup.cn
图书如有印装质量问题，请与出版部联系。电话：010-62756370

了解 思维，

映射 思维，

改变 思维，

优化 思维，

极致 思维。

推荐序

无处不在的思维导图

从概念提出至今,思维导图已有五十多年的发展历史。而实际上,结构化思维模型被教育学家、科学家、医学家和心理学家等应用在学习、记忆和解决问题方面已经有几个世纪之久。你还记得人生中看到的第一张思维导图吗?可能是你上学的时候历史老师在黑板上写的历史人物、事件和时间之间关系的板书,也可能是你在某本英文词典里看到的关于食物类别的单词汇总。在生活、工作、学习的各个角落里,或多或少都可以发现各种变形的思维导图的踪影。

思维导图究竟是什么

我经常问用户一个问题:当提到思维导图的时候,你第一时间想到的是什么?有人说思维导图就是思维的非线性的可视化呈现,有人说思维导图是用来进行头脑风暴的,还有人说思维导图让人的表达更有说服力。曾有一位正在创业的用户的回答令我印象深刻:"我可以在思维导图上记录我的一生,我的过去是清晰的图形和符号,就像给记忆进行编码,最终我可以清醒地离开。"还有一个14岁的初中生告诉我:"思维导图就是课堂笔记的一种形式。"有人认为思维导图是一种思维工具，也有人认为思维导图是一种方法论。

无论我们对思维导图进行怎样的定义，都不能否认思维导图给当代社会的工作、生活和学习带来了革命性的影响。

作为MindMaster的总经理，我经常收到很多用户的正面反馈，总结起来，思维导图有以下几个不容忽视的优势。

一是简单易用，可快速上手；人人都可以快速掌握思维导图的使用方法。二是可以提高归纳、学习和记忆的效率；思维导图能够快速构建问题、关键词、概念之间的关系，大大提高思考的效率，思维导图顺序化、结构化、图形化的整理思路，也可以增加记忆点。三是促进思维发散，产出创意；思维导图强调非线性思维方式，可以让人们从多个角度和方向思考问题，发挥创意，产生新的想法。

有一个比较有意思的问题，我想在这里提一下：给你一张空白的纸和一张画了主题层级结构图的纸，哪一张更能让你有输出想法的欲望？这就引出了思维导图的第四个优势——改善沟通，通过图表形式明显表现出主题、思路和关系，能够使工作内容、想法、汇报结果很清晰地在组织、团体、公司部门内传递，从而减少信息差。

以上谈到的这些恰恰就是我们做MindMaster的愿景与使命：让思维清晰运作，让创意有迹可循。

在时代浪潮下的踏浪之法

本书作者陈星云也是MindMaster的深度用户，他专注于研究思维导图学习法十多年，是国内率先研究并成功把思维导图应用到儿童潜能开发领域的专家。这次，他带着《MindMaster实践：用思维导图画出你的答案》一书，慷慨地跟大家分享多年来总结的思维工具、方法和学习方式，围绕思维导图在工作中的应用，帮助职场人士快速组织逻辑思维，提高工作效率，解决实际问题。本书将职场思维、职场生存方法论和思维导图结合起来，让读者可以学以致用，以快速面对职场中的各种挑战，实现自我价值的最大化。

我们在工作中经常遇到这些情况：思维梗阻、沟通障碍、创意枯竭、效率低下……如果你也苦恼于此，那么阅读这本书会给你带来一些帮助。

本书汇聚了一系列实用的创新思维技巧与案例，涵盖MindMaster思维导图工具应用、思维创新、思维管理、高效学习技巧等多个方面。作者借助丰富的思维导图应用经验，以生动的语言阐述了创新思维在职场中的应用，使得这本书不仅具有理论性，更具有实践性。

作为MindMaster的总经理，我深知思维导图在帮助我们厘清思路、提升工作效率方面的重要作用。通过创新思维，我们能够打破常规，发现更多的可能性。而《MindMaster实践：用思维导图画出你的答案》一书，正是为了传递这样的理念，帮助更多的职场人士在面对挑战时迸发出勇往直前的力量。

在我们研发图形化思维工具的过程中，创新思维对我们的成功起到了举足轻重的作用。我们不断地尝试、优化、迭代，最终开发出了一个让用户如此喜爱的产品——MindMaster。正是因为我们具备创新思维，才能够在竞争激烈的市场中脱颖而出。而《MindMaster实践：用思维导图画出你的答案》一书，正是希望将这样的经验传递给每一位读者，让创新思维成为每个人的共同追求。

我衷心希望这本书能成为你职场生涯中的一盏明灯，照亮你前进的道路。愿我们在这个充满变革的时代，共同努力，不断创新，走向更加辉煌的未来。

MindMaster总经理　王小兵

序 1

思维导图对于我来说是探索世界奥秘、解决学习和工作问题的一把金钥匙。在我的工作、学习和生活中,思维导图无处不在。我的朋友总会在与我的日常交谈中很容易地看到思维导图的影子,在我的语言、情绪、行动中,都可以发现思维导图对我所产生的深刻影响。思维导图常常能帮助我发现常人所不能觉察的问题,也能使我比一般人更快、更准确地找到事物发展的方向。思维导图让思维看得见、摸得着,它是那样清晰和富有逻辑。

思维导图的适用范围非常广,它可以应用在不同的领域、行业和场景,只要你愿意,它就"长"在你的大脑里。思维导图不仅能让你无边际地延伸脑海里的思维,还能让你把混乱的思维快速梳理清晰。思维导图是一种思维工具,更是一种培养良好思维习惯的载体。如果我们能坚持运用思维导图所倡导的思维方法来思考和解决问题,不断地锻炼我们的思维能力,那么,我们将形成自己独有的思维方式,逐渐培养出一种思维习惯,最后形成一种思维模式。而思维模式不是固定的,因为思维导图本身就不是固定不变的,它可以让人的思维不断地延伸,像流水般地思考,像行云般地想象。所以,学会使用思维导图,不仅是掌握一种学习和工作的工具,更是学会一个自我提升的方法。

思维导图其实不是拿来学的，而是拿来用的。而更高层次地运用思维导图，则是用"发散性"的思维、"关联式"的联想、"互动式"的头脑风暴等思维模式去指导自己思考，从而形成良好的思维习惯。我们不可能掌握所有知识，但是思维导图可以拓展我们的知识边界，哪怕无法获得新的知识，我们也能够知道自己的知识边界在哪里，能够发现自己的不足是什么，能够了解自己缺少哪方面知识。

这就是思维导图能够带给我们的无可比拟的美妙之处。我们除了可以用它指导自己的工作，还可以用它处理好我们跟孩子、父母、自然、社会的关系。思维导图可以教我们如何从不同的角度思考，如何理解自己所做的事情，如何充分调动思维来让自己更高效地工作。

董海韬

序 2

在这个时代，工具的不断更新是人类进步的标志，也是思维方式转变的体现。从简单的木棍、石器，到如今的计算机、智能手机，人类创造和使用的工具不断更新，这背后是人类思维方式的不断转变。在这个时代，思维方式的更新和转变，成为人们关注的焦点。

从我第一次接触思维导图到现在已经过去了18年的时间，回顾这一路的历程，我深刻认识到工具迭代更新背后所蕴含的思维方式的转变。

在大学时期，我第一次接触到思维导图。当时，我只是觉得这个工具很好用，可以帮助我更好地整理和归纳课本知识，并没有意识到思维导图实际上代表了一种全新的思维方式。毕业后，董海韬老师引领我进入了思维导图的世界，使我真正深入了解到，思维导图不仅是一个思维工具，更是一种思维方法。这促使我开始尝试将思维导图应用到实际工作中。在实际应用中，我发现思维导图确实能够帮助我更好地组织和管理思维，提高工作效率，降低错误率。无论是记录会议笔记、制订计划，还是解决问题，我都能通过使用思维导图感到特别轻松和自信。

随着在工作中不断使用思维导图，我的思维导图技能也逐渐熟练。后来，我有机会去英国跟随思维导图的创始人东尼·博赞（Tony Buzan）进修，这段时间是我对思维导图思维方式深入理解的重要时期。在学习期间，我结识了来自十多个不同国家的思维导图爱好者，在与他们沟通和交流的过程中，我了解到思维导图在国际上的广泛应用。在课堂中，我深刻认识到了思维导图背后的思维方式的转变，这是一种从线性思维向非线性思维的转变。在思维导图的框架下，我们可以更好地运用我们的大脑来理解和处理信息，更好地发挥我们的创造力和想象力。这段经历让我深刻理解了思维导图的价值和意义，也进一步提高了我的思维导图技能。

回国后，我开始在国内推广思维导图，创办了思维导图社区，并在这个过程中结交了很多志同道合的朋友。我们一起创造了许多关于思维导图的奇迹，通过各种活动和培训，向更多的人展示了思维导图的魅力。如今在中国，越来越多的人开始认识和使用思维导图，并且对思维方式的转变越来越重视。

在这个信息爆炸的时代，我们需要更好地组织和管理大量的信息，思维导图正是一个非常有效的工具。同时，随着经济的发展和竞争的加剧，创新力和创造力变得越来越重要，思维导图也能够帮助我们更好地激发创新力和创造力。

这本书从策划到出版经过了3年的时间，书中的内容主要是我这18年来关于思维导图的学习总结和经验。希望这本书能够帮助更多的人了解思维导图，掌握思维导图的技能，进而提高自己的思维能力和工作效率。

陈星云

目录

第一篇 思维工具，职场利器 001

第1章 思维导图介绍 002
- 1.1 思维导图的起源 002
- 1.2 思维导图的原理 006
- 1.3 思维导图的作用 009
- 1.4 思维导图的制作 010
- 章节练习 012

第2章 玩转MindMaster 013
- 2.1 MindMaster功能介绍 013
- 2.2 MindMaster操作入门 016
- 2.3 MindMaster制作技巧 030
- 章节练习 034

第3章 AI高效创新 035
- 3.1 打开AI思维之门 036
- 3.2 人机对话技巧 038
- 3.3 AI输出思维导图内容 040
- 3.4 AI快速生成思维导图 041
- 3.5 AI生成PPT功能 044
- 3.6 AI文件解析功能 047
- 3.7 思维导图导出AI音视频 048
- 章节练习 052

第二篇 思维创新，驰骋职场 053

第4章 团队创新，智慧碰撞，思维飞跃 054
- 4.1 拯救创意枯竭——头脑风暴 054
- 4.2 思维迸发，高效产出创意 056
- 4.3 思维创新，打破固有思维 059
- 章节练习 078

第5章 深度分析，拒绝烦琐，化繁为简 079
- 5.1 金字塔原理 079
- 5.2 MECE分析法 084
- 5.3 波特五力模型 088
- 章节练习 091

第6章 逻辑推理，推出结论，以简驭繁 092
- 6.1 推理论证 092
- 6.2 构建解决方案 093
- 6.3 第一性原理 097
- 章节练习 102

第三篇 思维管理，自我洞察 103

第7章 时间管理 104
- 7.1 时间统计 107
- 7.2 时间分配 110
- 7.3 碎片化时间管理 113
- 章节练习 119

第8章 目标管理 121
- 8.1 SMART原则 122
- 8.2 目标分析 125
- 8.3 目标设定 127
- 8.4 目标达成 129
- 章节练习 130

第9章 职业规划 132
- 9.1 用正确的方法发掘天赋 132
- 9.2 职业生涯规划 135
- 章节练习 139

第四篇　高效学习，成功逆袭 140

第10章　掌握科学记忆方法，轻松应考 141
　　10.1 黄金记忆法则 141
　　10.2　实用记忆法 144
　　章节练习 147

第11章　掌握学习技巧，拒绝低水平勤奋 148
　　11.1　构建知识体系 148
　　11.2　高效学习方法 152
　　11.3　动态学习法 158
　　章节练习 162

第一篇

思维工具，职场利器

在这个信息爆炸的时代，我们每天都会接触大量的信息，处理各种复杂的任务和问题。对于职场人士来说，拥有一种能帮助我们高效思考、解决问题的工具尤为重要。思维工具在这方面发挥着关键作用，它不仅可以帮助我们厘清思路，还能让我们的工作变得更有条理、更高效。在职场中，这些思维工具如同锋利的武器，帮助我们轻松应对各种挑战，实现职场目标。接下来，我将给大家介绍一些思维工具，并展示如何高效地使用这些工具，从而提升工作学习能力和竞争力。

第1章 思维导图介绍

思维导图作为当今大家熟知的创造性思维工具，在各大领域被广泛应用。思维导图究竟是何时开始被使用的，它背后都有哪些科学原理呢？本章将带着大家一探究竟。

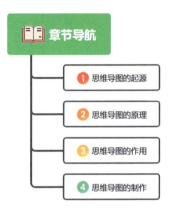

1.1 思维导图的起源

1.1.1 思维导图的前世今生

图形笔记法的历史比较悠久，是人类在认识和改造自然、创建文明的过程中形成的一种思维和行为模式。图形笔记法让人以放射状的发散性思维思考，通过图形和符号表达思维和概念，使复杂的信息变得清晰和易于理解。

在科学和艺术界有很多名人曾使用这种方法，如达·芬奇、爱因斯坦等，他们用图形笔记记录自己的思考过程和研究成果，帮助自己或他人更加具象地理解事物和科学原理。

思维导图与图形笔记有哪些相似之处呢？我们先来看看下面几个示例。

牛顿绘制的"进化之树"如图1-1所示。

第1章 思维导图介绍

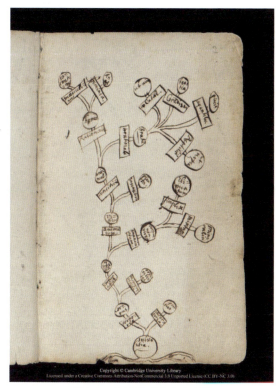

图1-1 牛顿的"进化之树"

达尔文绘制的"生命之树"如图1-2所示，这张图记录着他对于进化论最初的想法——他感觉物种间可能存在进化关系。

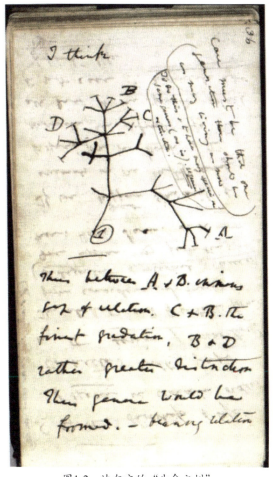

图1-2 达尔文的"生命之树"

华特·迪士尼绘制的令人惊叹的商业导图如图1-3所示，这张图清晰地展示了华特迪士尼公司的商业帝国版图。

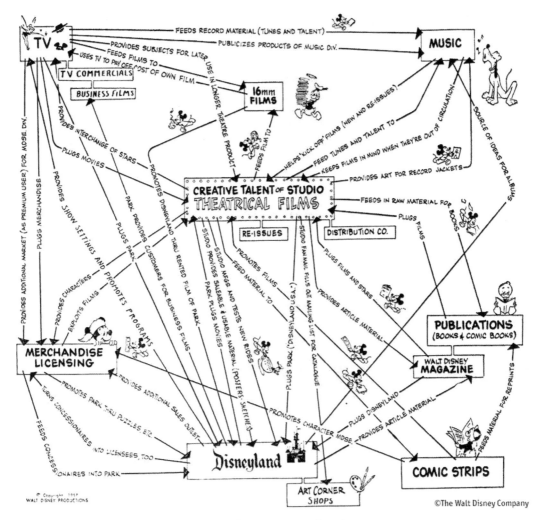

图1-3　华特迪士尼公司的商业导图

达·芬奇每天都会做笔记，他去世后留下了大量未经整理的手稿，其手稿多达7000余页，现存5000余页，涵盖的领域包括生物学、工程设计学、机械学等，如图1-4所示。

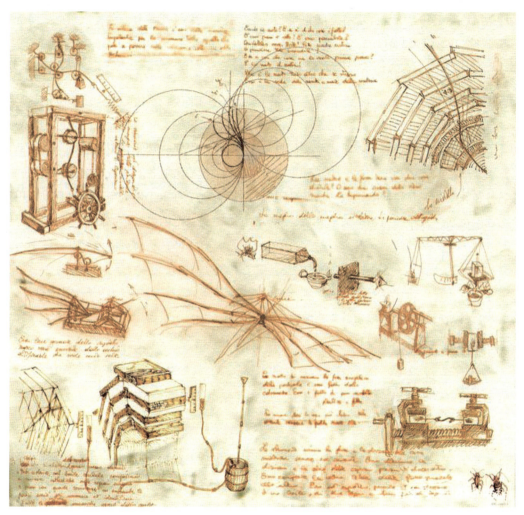

图1-4 达·芬奇的手稿

从以上示例可以看出,图形笔记可以将信息以可视化的方式呈现,能够更好地帮助我们组织和理解知识。它以层次化的结构来组织信息,并且能突出主要观点和细节,把知识点之间的关系表现得更清晰。

那么图形笔记和思维导图都有哪些相同之处呢？我们接着从思维导图创始人东尼·博赞为何创造思维导图开始深入了解。

1.1.2 思维导图和图形笔记

思维导图创始人东尼·博赞早期创造的"MindMap"思维导图的概念基于对心理学、神经语言学、大脑神经生理科学、语义学、信息理论、感知理论、记忆和助记法、创造性思维等各学科和理论的综合研究。东尼·博赞的思维导图理论是基于大自然万物的放射性特征而建立的，他分析了牛顿、达·芬奇、达尔文等伟大科学家、艺术家、生物学家的笔记资料，通过实践探索和青少儿"学习障碍者"训练的长期实践，逐渐形成了关于放射性思维及其图形表达的研究成果。

总的来说，思维导图和图形笔记都是强大的图形化思维工具，它们以直观、形象的方式帮助我们组织、理解和记忆信息。这两种方法在形式和结构上各有特点，但目标相同——提高思考、学习和工作效率。通过有效运用这些方法，我们可以将复杂的概念和信息变得更加清晰、有条理，从而更好地应对各种学术和职业挑战。

接下来，我将带着大家深入探讨思维导图原理，以及如何应用这一原理来充分发挥思维导图的优势。

1.2 思维导图的原理

1.2.1 什么是思维导图

思维导图是一种图形化的思维工具，通过图形呈现思维和信息之间的关系，帮助我们梳理思路、提高记忆力和创造力。作为一种图形化思维工具，思维导图能提高我们的工作学习效率，使我们思路更清晰、头脑更敏捷、思考更严密。

思维导图以一个中心主题为基础，向外扩展形成分支结构。这些分支结构可以进一步细分为子分支，从而形成类似树状图的结构。在思维导图中，每个分支可以代表一个想法、任务、概念，或者一组信息，箭头、线条、符号等元素可以表示分支之间的逻辑关系。这种图形化展示使得思维导图成为一种高效的思考和学习工具。

思维导图以中心主题为起点，通过放射式扩散来表达相关想法、任务、概念等，其特点如图1-5所示。这种无序、自由地把内容排列在主题周围的方式能够将内容按照它们之间的逻辑关系进行组织和分类，人们可以更清晰地理解信息，进而更有效地对信息进行分析、评估和判断。这使得思维导图成为一种强大的理解、学习和创新工具。

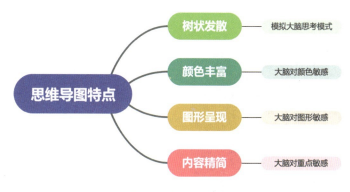

图1-5　思维导图特点

下面我们思考一个问题：为什么要使用思维导图呢？相信大多数人的答案会是梳理逻辑思路、分析解决问题、提高工作与学习效率、增强记忆力等。

我们来看看微软创始人比尔·盖茨是如何评价思维导图的：

"思维导图能够将众多的想法和知识都连接起来，并且有效地加以分析，从而最大限度实现创新。"

我们可以看到一个非常重要的关键词，那就是"连接"，思维导图的主要优势在于可以方便地整合信息和建立知识连接，从而使我们可以更全面地理解各种信息之间的关系。这是因为在绘制思维导图时，我们实际上同时也在梳理知识之间的关系。在这个过程中，我们会思考这些知识点所处的层级、它们之间的联系，以及哪些知识点相互重叠，从而将知识系统化。因此，思维导图能够把一系列杂乱的信息整理成结构清晰、层级分明的知识网络。

1.2.2　大脑神经元

知识网络的形成与大脑的底层逻辑密切相关，了解这些逻辑有助于我们科学、正确地运用思维导图。

大脑是如何建立知识网络的层级关系的呢？理解这个问题要先从了解我们的大脑开始。我们的大脑里有数量为百亿级的神经元，如图1-6所示。这些神经元相互间会形成和谐的连接网络，这也就意味着在每个人的大脑里，都分布着大量神经元连接。

图1-6 大脑神经元

神经元之间相互连接的结构被称为突触，神经元通过电信号将信息传递到突触，然后通过化学物质（神经递质）的释放将信息传递到下一个神经元。这种信息传递的方式被称为神经元间的突触传递。当我们学习新的知识时，大脑中的神经元之间的突触会发生变化，新的突触会形成，原有的突触也可能会被弱化或断开，这就是神经可塑性，也被称为大脑的可塑性。这种可塑性是我们学习和记忆的基础，同时也是我们形成知识网络的基础。我们的大脑还会将新的信息与已有的知识联系起来，形成一个知识网络。这个知识网络中的每个知识点都与其他的知识点相互连接，形成了层级关系。这种层级关系可以通过思维导图等工具表现出来。在这个过程中，我们的大脑会不断地调整神经元之间的连接，使得整个知识网络变得更加稳定和完善。

作为群居动物，社会化使我们拥有庞大的知识体系和多样的智能。思维导图的优势在于它能像神经网络一样，随着神经元和神经节点被多次刺激而成长并从非中心节点转变为次中心节点甚至中心节点。大脑通过神经元之间的突触连接建立了庞大的知识网络，知识点相互连接形成层级关系。在复杂的社会环境中，利用思维导图可以产生群体智能，以便更好地理解信息间的关系。在纸上，我们可以随意涂鸦并用线条连接信息，形成一张思维导图，有效地释放思绪并整理信息之间的关系。

1.3 思维导图的作用

思维导图能将复杂的想法、知识和信息,如学习笔记、会议纪要、项目需求等,整理成清晰的结构,有序地呈现出来,提高归纳、学习和记忆效率,同时便于展示和讲解。思维导图主要可以运用在以下四大场景,如图1-7所示。

图1-7 思维导图四大应用场景

(1)思维发散:提升创造力,激发想象力,锻炼思维力,进行头脑风暴。

(2)读书笔记:整理知识框架,厘清内在逻辑,提取重点内容,理解记忆知识。

(3)计划制订:分解计划,流程设计,任务管理,计划安排。

(4)分析问题:问题分解,做出选择,罗列方案,工作排序。

思维导图的优点如下。

(1)易于理解和记忆:思维导图是一种图形化的工具,可以通过可视化的方式帮助人们更加容易地理解和记忆信息。

(2)可视化和结构化:思维导图可以将复杂的信息可视化和结构化,帮助人们更加清晰地理解信息之间的关系和层次。

(3)提高创造力和思维能力:思维导图可以帮助人们更加自由、有创新性地思考问题,从而提高创造力和思维能力。

(4)促进沟通和协作:思维导图可以帮助人们更加清晰地表达自己的想法和意图,从而促进沟通和协作。

(5)提高工作效率:思维导图可以帮助人

们更加快速、高效地整理信息、制订计划和解决问题，从而提高工作效率。

总之，思维导图是一种非常有用的思维工具，可以帮助我们更好地理解和应用信息，提高思维能力和工作效率。

1.4 · 思维导图的制作

制作思维导图的过程就像绘制一棵大树，如图1-8所示，从树干开始绘制到树枝、树叶，以及树叶上的叶脉。制作思维导图的过程包含三个重要的底层逻辑：分类、归纳和系统化。

图1-8 枝繁叶茂的龙爪槐

分类是将杂乱的知识进行编码，以便大脑在调用时能快速提取。归纳是从大量的知识中提炼出关键点，形成简洁明了的观点或结论。系统化是将经过分类和归纳的知识按照逻辑顺序排列，建立层次结构，使知识呈现出整体性和结构性。知识延伸就像大树开枝散叶的过程。

树干代表整个思维导图的中心主题，树枝代表分支主题，而树叶代表关键内容。这样的分类和层次结构使得知识结构更加清晰和易于理解。

制作思维导图分为以下四个步骤。

第一步：确定一个中心主题。

第二步：提炼出分支主题。

第三步：梳理出关键内容。

第四步：标注出各分支之间的关系。

为了让大家更直观地了解思维导图的制作过程，下面演示思维导图的制作步骤。

第一步：确定这张思维导图的中心主题，也就是树干。本例的中心主题是"思维导图"，如图1-9所示。

> 思维导图

图1-9 确定中心主题

第二步：思考有并列关系的一级分支并提炼出分支主题，也就是树枝。

在制作思维导图时,需要注意分支主题应是提炼出来的关键词。例如,当中心主题为"思维导图"时,分支主题"思维导图简介"应直接提炼为"简介",无须再次添加"思维导图"。在实际操作中,也可以结合使用关键词和句子,这样既能确保思维导图的简洁性,又能确保信息的完整性。例如,在一级分支上使用关键词概括主题,在二级分支上使用句子来展开说明。

在这里我们把"思维导图"展开成了四个一级分支,分别是"简介""原理""作用""绘制",如图1-10所示。

图1-10 展开一级分支

注意,绘制思维导图必须按照顺序,从右上角开始顺时针依次绘制一级分支。

第三步:梳理二级分支,也就是代表关键内容的树叶。

需要再次强调,各分支上的内容越精简越好,精简的思维导图更便于我们理解和记忆,如图1-11所示。

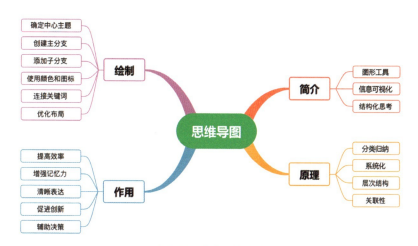

图1-11 展开二级分支

第四步：根据实际需要标注各分支之间的关系。这些关系可以用箭头、连接线或特定标注来表示。

Tips：思维导图的四个绘制技巧

（1）尽可能用多种颜色区分不同分支。

（2）各级分支线条由粗到细，代表内容的重要程度。

（3）多使用图像和图标，便于理解和记忆。

（4）复杂内容巧用序号，让思维导图更有条理。

章节练习

参考制作思维导图的四个步骤和思维导图的四个绘制技巧，制作一张思维导图。

第 2 章　玩转 MindMaster

当下，利用软件提升办公效率已成为职场的必备技能，无论是工作、学习、创作还是团队发展规划，梳理思维都至关重要。思维导图软件MindMaster正是为此而生，它旨在帮助用户更高效、有序地梳理思维，让知识和想法结构化。无论是学生、教师、职场人士还是创作者，都可以通过MindMaster轻松地创建、编辑和共享思维导图。本章，我们将一起探讨如何充分利用MindMaster的功能，让我们的工作和学习更加高效、有序。

2.1 MindMaster 功能介绍

2.1.1 支持平台

MindMaster是亿图软件推出的一款跨平台、多功能的思维导图软件，如图2-1所示，该软件能帮助用户快速成为思维导图设计能手。MindMaster有丰富的智能布局、多样的展示模式、结合精美的设计元素和预置的主题样式。MindMaster被广泛应用于解决问题、时间管理、业务战略规划和项目管理等方面。

图2-1　MindMaster多平台支持

MindMaster支持多端，文件可通过云端存储实现多端同步，拥有全场景一站式思维导图解决方案，用户可以轻松创建、管理、展示、分享、协作自己的作品。

2.1.2　软件特点

电脑端用户可以访问MindMaster官网下载 MindMaster 电脑端（Windows、MacOS、Linux）安装包，移动端用户可以在Android各大应用商店或App Store下载安装MindMaster。

使用MindMaster能提升多场景工作和学习效率，如图2-2所示。

图2-2　使用MindMaster能提升多场景工作和学习效率

MindMaster的主要特点如下。

核心优势：一端创作，多端同步。跨端文件流转，团队聚力，提升效率。

多端云存储：一端创作，多端同步存储和打开。

头脑风暴：头脑风暴模式，捕捉亮点，即时生成脑图。

团队管理：建立团队群，轻松共享、管理团队文件，效率倍增。

甘特图：项目活动可视化，实现高效项目管理。

大纲模式：导图模式和大纲模式无缝切换，结构更加清晰。

MindMaster思维导图能让知识、信息、想法结构化、有序化呈现，可以应用于多种场景，如图2-3所示。

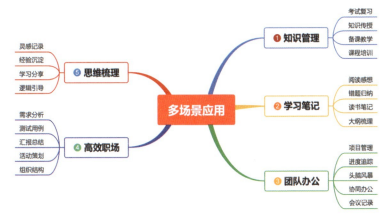

图2-3　多场景应用

2.1.3　模板资源

MindMaster拥有大量模板资源。

（1）支持20000+个节点，让创意思维不受限。

（2）提供22种布局，如树状图、鱼骨图、流程图、放射图等。

（3）提供33种主题，多种精美主题任意选择，一键让导图充满质感。

（4）提供700+张原创剪贴画，用丰富的剪贴画来点缀思维导图，使导图更美观。

（5）提供700000＋套导图模板，覆盖各个细分领域，应有尽有。

MindMaster社区模板资源如图2-4所示。

图2-4 MindMaster社区模板资源

2.2 · MindMaster 操作入门

2.2.1 软件特征

1. 丰富的模板

MindMaster内置大量模板供用户选择，如图2-5所示。

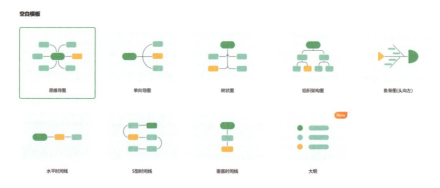

图2-5 MindMaster内置模版

2. 任务管理功能下的甘特图视图

任务管理功能允许用户以思维导图视图和甘特图视图管理项目任务，如图2-6所示。

图2-6　任务管理功能下的甘特图视图

3. 全新演示模式

MindMaster的全新演示模式使思维导图和展示介绍完美结合，用户可以将当前文件一键转化成PPT，如图2-7所示。

图2-7　MindMaster全新演示模式

4. 各种布局和主题

MindMaster提供各种精美的布局和主题供用户选择。不同主题有不同的字体、形状、颜色和线条尺寸等，以适应不同的风格，如图2-8所示。

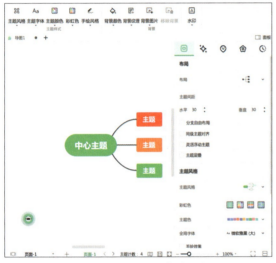

图2-8 MindMaster的布局和主题

5. 强大的工具栏

MindMaster拥有强大的工具栏，其中部分工具介绍如下。

关系线：用户可以在两个主题之间插入关系线来建立一种非正式的关系。MindMaster会自动调整箭头方向和位置，用户可以修改关系线的形状样式、颜色和说明文字。

标注：标注是对特定主题的附加信息，可以形成自己的分支。

外框：外框用来强调主题和子主题之间的关联，在思维导图上的某个区域插入外框可以将特定的主题分为一组，以强调具体内容。MindMaster提供不同风格的外框供用户选择。

概要：概要用于将一组子主题归纳为一个单一概要主题，并允许该主题再次扩展。

图标：使用独特的视觉元素辅助阐释主题内容，赋予思维导图生动的观看体验。MindMaster有许多预定义的图标组，用户也可以创建自定义图标组。

剪贴画：MindMaster的剪贴画图库包含数以万计的专业设计剪贴画，帮助用户制作有良好视觉效果的思维导图。

图片：用户可以从电脑中选取任意图片插入思维导图中。尺寸过大的图片可通过压缩来适应思维导图的尺寸，同时保持清晰度不变。

超链接：超链接作为外部文件，包括网址、其他文件、当前文件的指定图形或页面，以及文件夹。使用超链接可以避免在插入或复制信息时导致思维导图混乱，确保每次点击超链接时能看到更新的文件或页面。

附件：用户可以在思维导图中插入外部文件，将其作为思维导图的一部分。

注释：对于需要展示更多细节的主题，可以插入注释来补充信息。

评论：对于使用团队云制作思维导图的协作团队，各团队成员可发表实时评论以加强团队沟通，提升合作效果。

标签：在任务管理功能中，用户可以向主题插入标签来标记任务信息，标签文本会显示在主题下方。

MindMaster工具栏如图2-9所示。

图2-9　MindMaster工具栏

6. 彩虹色

MindMaster的彩虹色功能让用户可以快速切换思维导图的色彩搭配模式，如图2-10所示。

图2-10　彩虹色

7. 手绘风格

使用MindMaster制作思维导图时可以将思维导图由常规风格一键切换至手绘风格，如图2-11所示。

图2-11　手绘风格

8. 大纲模式

大纲模式可以使思维导图的内容一目了然，如图2-12所示。

图2-12　大纲模式

9. 云分享

MindMaster云分享包括个人云和团队云，可轻松保存和分享用户的思维导图文件。团队云支持团队成员在不同设备上随时随地进行合作，实时更新并同步合作进度，如图2-13所示。

图2-13　云分享

10. 上钻/下钻

通过上钻/下钻功能来折叠或展开主题，有助于制图者将注意力集中于特定主题，避免其他主题对思维产生干扰，如图2-14所示。

图2-14　上钻/下钻

11. 文件恢复

如果MindMaster意外关闭，可以恢复未保

第 2 章　玩转 MindMaster

存的思维导图文件。

12. 分享

用户可以在MindMaster里生成思维导图分享链接，并直接发布到社交媒体上进行分享，如图2-15所示。

图2-15　思维导图分享

13. 导入

MindMaster支持从其他软件导入思维导图，如MindManager、Xmind等，如图2-16所示。

图2-16　导入其他格式的文件

14. 导出

MindMaster支持将文件导出为各种图片格式，以及 PDF、Word、Excel、PPT、HTML、SVG、MindManager、POF/POS、TXT、Markdown、WAV、MP4等其他格式，如图2-17所示。

图2-17 导出为其他格式

图2-18 AI功能

15. AI功能

MindMaster多样的AI功能可以极大地提高用户的工作效率，如图2-18所示。

16. 头脑风暴

头脑风暴功能可以帮助团队收集想法，如图2-19所示，也可以为个人用户提供沉浸式创作环境。

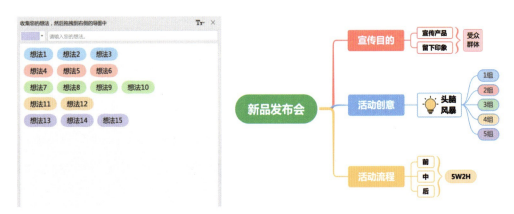

图2-19 收集想法

17. 思维导图社区

思维导图社区中汇集了数万张原创的思维导图作品，方便用户参考和使用，如图2-20所示。

图2-20　思维导图社区

2.2.2　思维导图创建

打开MindMaster，在模板栏中选择"新建单向导图"，如图2-21所示。

图2-21　新建单向导图

界面中将显示一张空白的思维导图，如图2-22所示。

图2-22 空白的思维导图

2.2.3 添加主题

要添加主题,可以单击工具栏中的"主题"按钮添加主题;也可以右击鼠标,在弹出的快捷菜单中选择"插入"→"主题"选项添加主题,如图2-23所示;还可以选中主题后按"Enter"键添加主题。

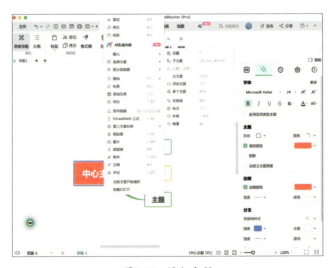

图2-23 添加主题

2.2.4 添加子主题

要添加子主题，可以选中主题，单击工具栏中的"子主题"按钮添加子主题；也可以右击鼠标，在弹出的快捷菜单中选择"插入"→"子主题"选项添加子主题；还可以选择子主题后按"Enter"键添加子主题，如图2-24所示。

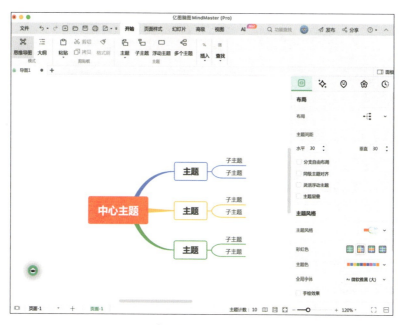

图2-24　添加子主题

2.2.5 添加主题元素

选中需要添加主题元素的主题，右击鼠标，在弹出的快捷菜单中选择要添加的主题元素，如图2-25所示。

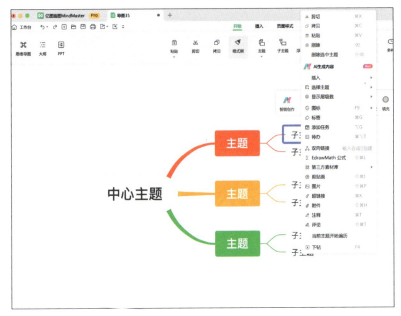

图2-25　添加主题元素

2.2.6　添加图标

选中需要添加图标的主题，在软件界面右侧面板中单击"图标"按钮，将出现待选图标，单击需要的图标即可添加到对应主题，如图2-26所示。

2.2.7　改变思维导图布局

在右侧面板中单击"思维导图"按钮，可以根据需求选择对应的思维导图布局，如图2-27所示。

第 2 章　玩转 MindMaster

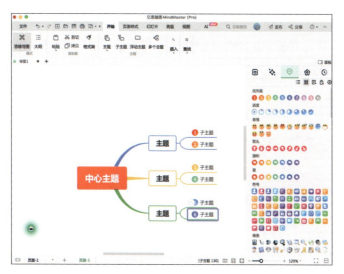

图2-26　添加图标

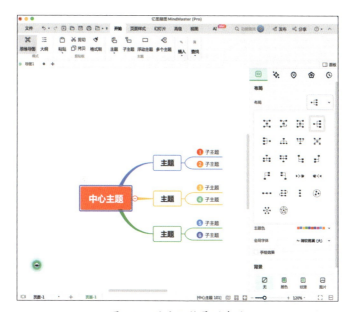

图2-27　改变思维导图布局

2.2.8 改变主题形状

选中需要改变形状的主题，在右侧面板中单击"样式"按钮，展开"形状"下拉面板，选择需要的形状即可，如图2-28所示。

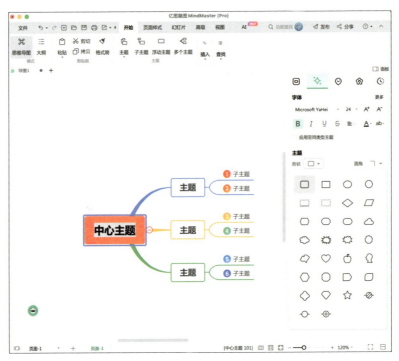

图2-28　改变主题形状

2.2.9 改变主题风格

单击工具栏中的"页面样式"→"主题风格"按钮，可以展开系统自带的主题风格，改变主题风格可以改变思维导图的颜色、结构等，如图2-29所示。

图2-29 多种主题风格

2.2.10 导出文件

单击工具栏中的"文件"按钮跳转到图2-30所示的面板,单击左侧的"导出"按钮可以选择导出文件的格式,MindMaster支持导出图片(BMP、JPEG、PNG)、PDF、Word、Excel、PPT、HTML等不同格式文件,也可以将文件分享至有道笔记。

图2-30 导出文件

2.3 MindMaster 制作技巧

我们在利用MindMaster制作思维导图的过程中不仅要考虑思维导图的实用性和准确性,还要考虑它的逻辑性,我们需要化繁为简,把内容精准地、清晰地呈现出来。如果我们要分享制作的思维导图,那么还需要考虑它的美观性。

2.3.1 思维导图制作标准

思维导图的制作标准包括结构性、美观性、可读性、准确性、完整性。

(1)结构性:结构层级清晰,重点突出。

(2)美观性:色彩、布局、图像、图标、符号的选用切合主题。

(3)可读性:核心主题明确,内容逻辑清晰。

（4）准确性：关键内容提炼精准，概念、关系正确。

（5）完整性：内容完整全面，没有明显缺漏。

2.3.2 思维导图布局

MindMaster提供了丰富的布局，我们如何使用这些布局来完成高颜值思维导图的底层架构搭建呢？下面介绍一些常用的布局。

1. 思维导图

最基础的布局，主要用于向四周发散的思考，如图2-31所示。

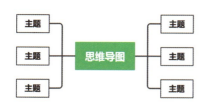

图2-31　思维导图

2. 左/右向导图

制作竖屏思维导图的常用布局之一，可用于做纵向思考和内容展开，如图2-32所示。

图2-32　左/右向导图

3. 组织结构图

类似金字塔结构，主要用于梳理组织结构或人员结构，如图2-33所示。

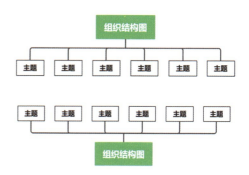

图2-33　组织结构图

4. 树状图

制作竖屏思维导图的常用布局之一，可用于做纵向思考和内容延展，如图2-34所示。

6. 时间线/流程图

可用于展示任务流程或事件顺序，如图2-36所示。

图2-36　时间线/流程图

7. 圆形图

主要用于整合创意、信息，如图2-37所示。

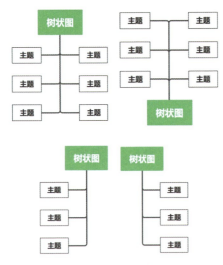

图2-34　树状图

5. 鱼骨图

也称为因果图，可以用于挖掘产生问题的根本原因，如图2-35所示。

图2-37　圆形图

8. 气泡图

常用于了解和认知中心关键词的内容分类或特征，如图2-38所示。

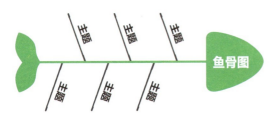

图2-35　鱼骨图

图 2-38　气泡图

9. 放射图

与气泡图作用相似，用于全面了解和认知中心关键词的内容展开，如图 2-39 所示。

图 2-39　放射图

MindMaster 实践 用思维导图画出你的答案

章节练习

参考2.3.2节介绍的布局，结合你工作、学习或生活中的相关内容，使用MindMaster制作一张思维导图。

第3章　AI高效创新

在AI（Artificial Intelligence，人工智能）时代，与AI进行对话，可以使我们获得新的思维方式、知识和见解，从而适应日新月异的环境。这是一个不断学习和进步的过程，只有这样我们才能在各种环境中保持竞争力。

ChatGPT是当下热门的聊天机器人。它使用最新的语言模型技术，能够处理自然语言，深入理解语义，并生成与上下文相关的自然语言回答。ChatGPT可以与用户进行对话，回答用户提出的问题，进行语义理解和文本生成，帮助人们便捷、高效地获取信息。除了在智能客服、智能助手等领域应用广泛，ChatGPT还可以被用于文本翻译、文本生成等多个领域，如图3-1所示。

图3-1　ChatGPT

除了ChatGPT，国内也有很多聊天机器人，如百度的文心一言、科大讯飞的讯飞星火、阿里巴巴的通义千问等，也可以完成自然语言处理和文本生成等任务。

3.1 打开 AI 思维之门

AI给我们带来了一种全新的思维方式，它能够帮助我们突破传统思维方式的界限。传统的思维方式通常是基于过去的经验和知识，依赖人类自身的感性认知和推理能力，容易受到主观偏见的影响和限制。

3.1.1 获得全新的思维方式

AI为创新提供了新的可能性和途径，它的高效生成、信息获取、情感分析和自然语言处理能力，为我们提供了新的思路和工具。聊天机器人的出现，改变了我们对于人类智能和人工智能的认知，让我们更加清晰地认识到人类和机器人的差异和各自的优势。同时，它也鼓励我们更加开放和包容，不断学习和探索新的思维方式和技术，推动人类智能的进一步升级。通过与聊天机器人对话和交互，我们可以获得新的思维方式和视角，不断拓展自己的思维和认知领域。我们可以更加自由地思考问题、创新和创造，从而推动人类文明的发展和进步。

3.1.2 突破替代思维，走向共生思维

过去，人们往往用替代思维来看待AI和人类的关系，即认为AI可以替代人类完成某些任务。然而，聊天机器人的出现却表明，AI与人类可以维持一种共生的关系。

我们可以通过思维导图了解AI中机器学习的基本概念和相关算法，如图3-2所示。

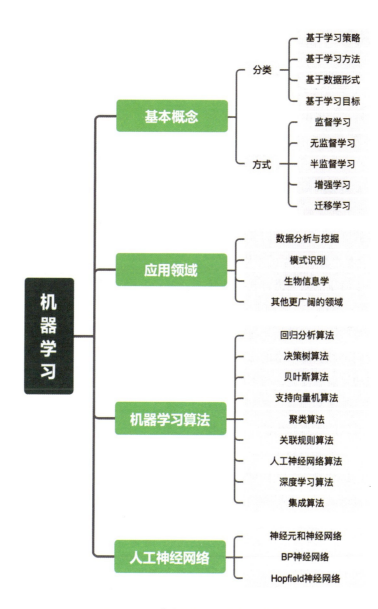

图3-2 机器学习的基本概念和相关算法

3.2 人机对话技巧

著名哲学家马丁·布伯在他的著作《我与你》中提到:"人不仅是在世界中,而且是与世界相处着。他不仅是在世界中,而且是与别人一同在世界中。世界的本质不是事物的集合,而是关系的集合。这种关系集合以对话的形式表现。对话不仅是人与人的沟通,而且是人与世界的沟通。"聊天机器人的出现,为人与世界沟通提供了全新的可能,使得我们可以更加深入地探讨和理解人与世界的关系的本质。

聊天机器人基于海量的人类语言数据进行训练,它拥有强大的自然语言理解和生成能力,能够理解和表达人类的语言和思想。通过与聊天机器人对话,我们可以获取丰富的知识和信息,了解各种领域的发展和变化,与不同文化和背景的"人"进行交流和沟通,甚至可以发现自己以前从未注意到的观点和想法。与聊天机器人对话的过程本质上是一种人类语言和思维的交流过程,通过这种交流,我们可以拓宽自己的视野,提高自己的思维水平,加深自己与世界的联系和对世界的认识。

因此,与聊天机器人对话不仅是与AI交流,更是与世界沟通的一种重要方式。在这个过程中,我们需要掌握一定的人机对话技巧,包括如何提出问题、如何分析回答、如何进行语言交流等。

3.2.1 向聊天机器人提出问题

首先,我们需要学会如何提出问题,保证问题的准确性和针对性。聊天机器人能够根据问题进行分析和回答,因此我们需要学会如何提出明确、简洁和有针对性的问题,以使聊天机器人能够更好地理解和回答。

举例如下。
(1)请问如何制作巧克力蛋糕?
(2)聊聊最近流行的旅游目的地有哪些。
(3)如何更好地管理时间,提高工作效率?
(4)请介绍一下人工智能在医疗领域的应用。
(5)有什么方法可以提高写作效率和质量?

这些问题都是具体而明确的,针对性强,可以帮助聊天机器人更好地理解用户的需求,并给出相应的回答。当然,具体提问方式还需根据实际情况来定。

3.2.2 分析聊天机器人的回答

然后,我们需要学会如何分析回答,包括理解回答的含义、判断回答的可信度和进行进一步的追问。这需要我们具备一定的逻辑思维和语言分析能力，从而更好地进行人机对话。

与聊天机器人对话时可以提出某个具体问题，举例如下。

提问：如何提高销售额？

回答：通过提高产品质量和增加市场营销投入等方式可以提高销售额。

进一步追问：具体来说，我们应该如何提高产品质量和增加市场营销投入？

这样追问可以得到更具体的建议和回答。

要判断回答的可信度，可以分析回答的来源是否可靠、回答的逻辑是否合理、回答是否具有实际可行性等方面。例如，如果回答是基于大量相关数据和分析结果的，那么其可信度比较高；如果回答的逻辑合理且有实际可行性，那么其可信度也比较高。

如果回答不够明确或需要更深入地探讨，可以进行进一步追问。例如，如果聊天机器人提出了一个关于提高销售额的解决方案，但这个方案不够具体或有潜在的问题，可以进一步追问：这个方案是否存在其他潜在的问题？有没有其他可能更有效的解决方案？这样可以引导聊天机器人提供更具体、更实用的建议。

3.2.3 与聊天机器人进行语言交流

最后，我们需要学会如何与聊天机器人进行语言交流，包括表达观点和进行文化交流等。这有助于我们更好地理解聊天机器人的回答，并与其进行更加深入的交流和探讨。

在表达观点方面，我们在提问时应使用明确的语言和措辞来传达自己的想法，并提供足够的背景和上下文信息，以使聊天机器人能够更好地理解我们的观点和意图。例如，在讨论某个职场问题时，可以先提供一些相关信息和背景，再问聊天机器人：你认为这个问题的根源是什么？这样能够更好地帮助聊天机器人理解这个问题。

在进行文化交流方面，我们可以提供一些背景信息，以使聊天机器人更好地理解我们的文化背景和价值观。例如，在讨论某个国际合作项目时，我们可以提供一些关于该国文化的信息，并询问聊天机器人：你认为在这种文化下，如何更好地推进合作？

人机问答实操步骤如下。

第一步：组织关键词并提出具体问题。

第二步：分析回答的含义，进一步追问。

第三步：增加背景描述，继续追问。

人机问答实操步骤如图3-3所示。

图3-3 人机问答实操步骤

掌握人机对话技巧，我们可以更好地理解问题的本质，从而拓展我们的思维和观点。与聊天机器人进行对话，也有助于我们更好地理解和应用人工智能技术。

3.3 AI输出思维导图内容

思维导图是一种常用的信息组织和表达方式，它能够将复杂的信息清晰地呈现出来，并帮助我们更好地理解和记忆这些信息。而聊天机器人可以通过自然语言处理技术，为我们提供更加智能化的思维导图辅助功能，具体包括以下几个方面。

1. 关键词提取

聊天机器人能够根据用户输入的文本内容，自动提取其中的关键词，帮助用户更快地了解信息的核心内容。

2. 结构化组织

聊天机器人能够根据用户输入的文本内容，自动进行结构化组织，并生成对应的思维导图内容，让用户更加清晰地了解信息的结构和层次。

3. 语义理解

聊天机器人能够对用户输入的文本内容进行深度理解，从而更加准确地表达和呈现思维导图内容。

4. 自动生成

聊天机器人能够自动生成思维导图内容，用户无须手动整理，节省了时间和精力。

5. 实时调整

聊天机器人能够根据用户的反馈和修改实时调整和优化思维导图内容，让用户更加方便地对思维导图进行修改和完善。

3.4 AI 快速生成思维导图

MindMaster内置的AI功能，能帮用户快速整理和组织思路，创作专属的思维导图。

使用MindMaster内置的AI功能快速生成思维导图的方法如下。

（1）确定主题：用户需要先确定思维导图的主题或讨论的话题，从而明确思路，并更好地组织思维导图大纲。

（2）使用内置AI智能助手功能生成思维导图节点：进入MindMaster首页，如图3-4所示，在"AI一键生成思维导图"下输入主题或话题的关键词，即可生成相关的思维导图节点。

图3-4　MindMaster首页AI功能入口

例如，单击"灵感空间"按钮，进入"灵感空间"界面，选择"思维导图"选项，在对话框中输入"生成一份《海底两万里》的故事大纲"，单击绿色的发送按钮，如图3-5所示。MindMaster即可自动跳转至新建页面，生成一张《海底两万里》的故事大纲思维导图，如图3-6所示，用户在此基础上对细节进行调整即可。

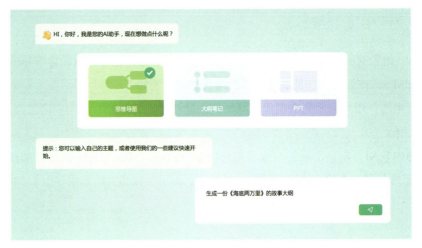

图3-5 MindMaster的"灵感空间"界面

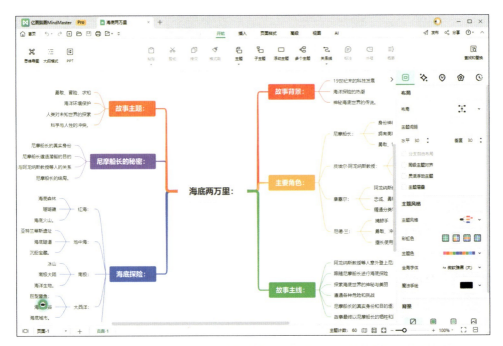

图3-6 利用MindMaster的AI功能生成《海底两万里》的故事大纲思维导图

如果暂时对生成什么样的思维导图没有想法，可以使用MindMaster的"自由发挥"和"一键思维导图"等智能创作功能，从而获得思维导图制作灵感，如图3-7所示。

除此之外，在制作思维导图的时候如果遇到不懂的问题，也可以随时单击左下角的AI智能助手，通过与其进行对话来寻找答案，如图3-8所示。

图3-7　MindMaster的智能创作功能　　　　图3-8　MindMaster的AI智能助手

在与AI智能助手的对话中可以一键生成思维导图，如图3-9所示。

图3-9　在与AI智能助手的对话中一键生成思维导图

MindMaster内置的AI功能不仅有基础的对话功能，还有AI绘画、文章生成、文件智能解析、AI音频导出、AI视频导出等功能，如图3-10所示。

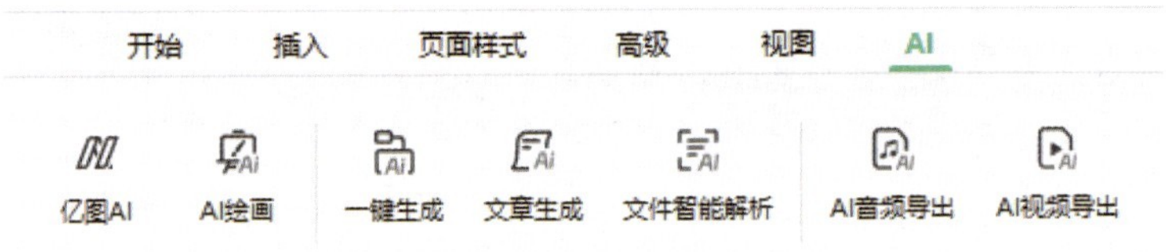

图3-10　MindMaster内置的AI功能

利用AI生成思维导图后，用户还需要进行一些处理，具体如下。

（1）整理和编辑思维导图节点：按自己的逻辑对AI输出的思维导图节点进行添加、删除、编辑和移动，让思维导图的思路和逻辑更加清晰。

（2）导入MindMaster添加连接线和注释：为了使思维导图更加直观、清晰，用户可以切换到MindMaster的思维导图模式添加连接线和注释。连接线可以连接不同的节点，形成层次结构，而注释可以帮助用户更好地理解和记忆节点的内容。

（3）导出思维导图：当完成了思维导图的编辑和整理后，可以对思维导图进行美化，如变更思维导图样式、插入图片和图标等，最后将思维导图导出。

3.5 · AI 生成 PPT 功能

MindMaster支持将思维导图一键转化成PPT，输入主题，即可自动创建PPT。MindMaster 还支持下载PPTX源文件进行二次编辑，并且拥有各类精美PPT模板。使用AI生成PPT功能的操作方法如下。

（1）新建思维导图，在PPT模式下选择"AI生成PPT"，如图3-11所示。

第 3 章　AI 高效创新

图3-11　AI生成PPT

（2）打开AI智能助手，输入关键词或提示词，自动生成PPT大纲，如图3-12所示。

图3-12　自动生成PPT大纲

（3）确认大纲后，单击"生成PPT"按钮即可自动生成一份PPT，在界面右侧可以选择心仪的模板对PPT进行美化，如图3-13所示。

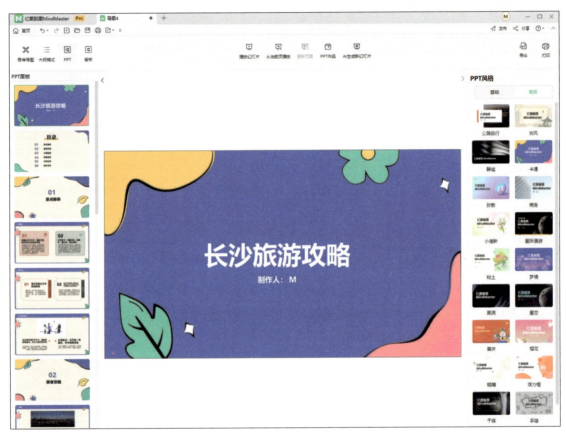

图3-13　自动生成的PPT

3.6 AI 文件解析功能

使用文件智能解析功能可以将1万字以内的文本内容一键转化成总结性思维导图；用户无须手动总结内容，只需上传文本，AI即可自动创建一张清晰明了的思维导图，帮助用户快速厘清思路，抓住重点，提升工作和学习效率。MindMaster支持多种格式的文件解析，如Word、PPT、Markdown、思维导图文件等。

使用文件智能解析功能的操作步骤如下。

（1）新建思维导图后，在工具栏的"AI"选项卡中单击"文件智能解析"功能，如图3-14所示。

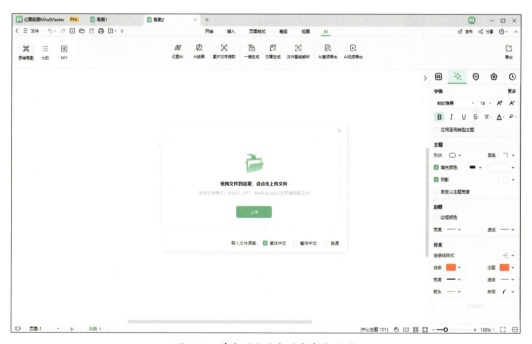

图3-14 单击"文件智能解析"功能

（2）上传相关文件，AI将自动识别文件内容并总结生成一张思维导图，如图3-15所示。

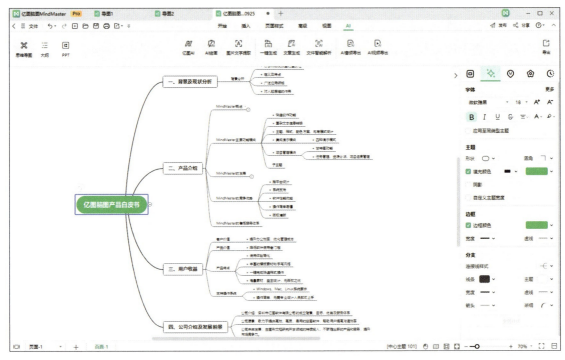

图3-15　AI自动生成思维导图

3.7 思维导图导出 AI 音视频

MindMaster支持思维导图转音频，满足特定场景下用户"听信息"的需求。AI可以帮用户快速总结概要，提取重点信息，并导出音频，操作步骤如下。

（1）打开一张思维导图，在工具栏的"AI"选项卡中单击"AI音频导出"功能，如图3-16所示。

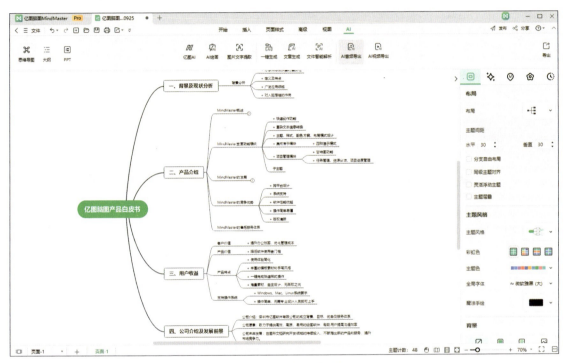

图3-16　单击"AI音频导出"功能

（2）根据需求设置模式、声音等，单击"生成新的预览"按钮进行内容预览，确认无误后单击"导出"按钮导出音频即可，如图3-17所示。

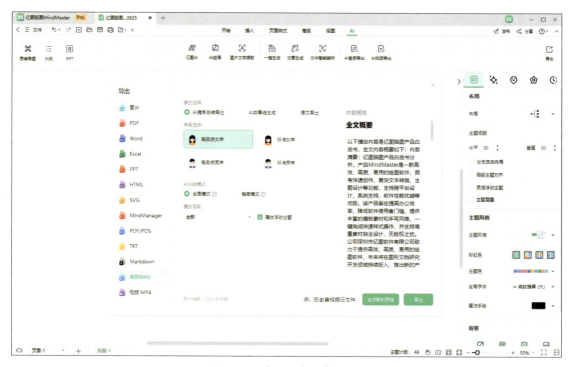

图3-17　AI音频内容预览和导出

MindMaster也支持思维导图转视频,AI可以分析思维导图内容,自动生成视频脚本,操作步骤如下。

(1)打开一张思维导图,在工具栏的"AI"选项卡下单击"AI视频导出"功能,如图3-18所示。

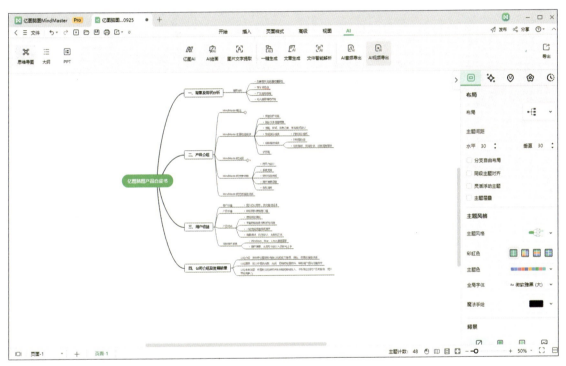

图3-18　单击"AI视频导出"功能

（2）根据需求设置视频模式、声音等，并上传封面图片。单击"生成新的脚本"按钮进行脚本预览，确认无误后单击"导出"按钮导出视频即可，如图3-19所示。

图3-19　AI视频脚本预览和导出

章节练习

使用MindMaster内置的AI功能生成一张读书笔记思维导图，并根据自己的逻辑进行编辑与整理。

要求：使用MindMaster制作图文并茂的读书笔记思维导图。

第二篇

思维创新，驰骋职场

创新思维体现了人类的自主创新能力，它要求我们以超越常规的眼光，从独特的角度审视问题，通过深入思考，提出独特且经得起检验的全新观点、思路和方案来解决问题。

第4章 团队创新，智慧碰撞，思维飞跃

思维导图是个体思维的具象化呈现，每个人制作的思维导图都是独一无二的，反映了个体的个性、特点和优势。将多个人制作的思维导图整合在一起，就形成了一个由多元智慧构成的思维集合体。

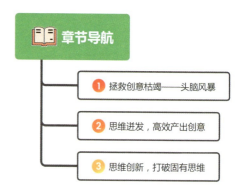

4.1 拯救创意枯竭——头脑风暴

4.1.1 什么是头脑风暴

头脑风暴（Brain-storming）是由美国创造学家A.F.奥斯本于1939年首次提出、1953年正式发表的一种激发思维、激发创造力、强化思考力的方法。头脑风暴的目的在于让个体思维进行交融与碰撞，用点子来激发点子，从而产生风暴式的化学反应，带来"1+1＞2"的效果。

如果你有一个亟待解决的问题，头脑风暴是一个能够提供多种解决方案的好方法。个人的创造力是有限的，而头脑风暴可以让一群人一起探索，从不同的角度思考问题，通过多样化的思维方式产生更多的想法，从而找到新的机会或解决方案。

4.1.2 如何开展头脑风暴

如果你需要举办一场新品发布会，准备就活动如何策划开展会议，为了提高会议效率，可以

使用头脑风暴的方法。在这个过程中，需要定义问题，如图4-1所示，只有将问题定义清晰，才能让头脑风暴有效地开展。

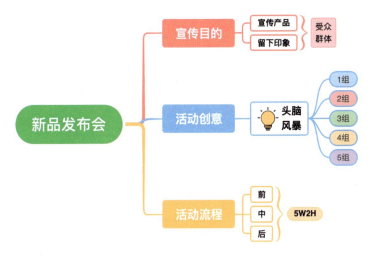

图4-1 定义问题

1.宣传目的

宣传产品：强调产品的重要特性和优势，吸引受众群体的关注。

留下印象：通过发布会给受众群体留下深刻的印象，使他们记住品牌和产品。

2.活动创意

头脑风暴：组织团队开展头脑风暴会议，催生创新的想法和策略。可以将团队成员分成1~5组，每组分别提出独特的想法和建议。

3.活动流程

前期准备：包括场地布置、嘉宾邀请、媒体联络等准备工作。

中期执行：发布会现场的各个环节的执行工作，如演讲、演示、问答等。

后期跟进：发布后的反馈收集、媒体报道跟踪、客户关系维护等工作。

4.2 思维迸发，高效产出创意

4.2.1 MindMaster头脑风暴墙

MindMaster攻略： 用MindMaster进行头脑风暴，在开始头脑风暴之前，会议记录员打开MindMaster，新建一张空白思维导图，选择"视图"选项卡，选择"头脑风暴"面板墙，会议过程中，会议记录员随时记录团队成员的想法。头脑风暴的流程如图4-2所示。

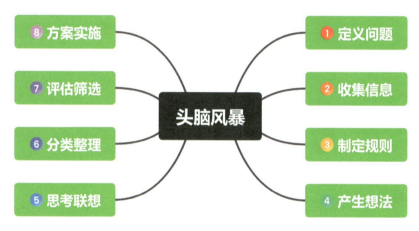

图4-2 头脑风暴

4.2.2 个人头脑风暴

在进行集体头脑风暴之前，会议主持人可以安排一段时间让每个团队成员进行个人头脑风暴，使用MindMaster记录自己的想法和思路，并制作成思维导图，为集体讨论做好准备。在这个过程中，每个人可以自由地思考，不受他人干扰，发挥自己的创造力，激发更多的灵感。

然后，会议主持人将团队成员分成小组进行讨论，每个小组选出组长并收集小组成员的个人思维导图。为保证头脑风暴的效率和效果，会议主持人或小组组长可以利用"六顶思考帽"（如图4-3所示），让每位小组成员讲解自己的思维导图并交换想法。在聆听他人讲解时，可以将其他小组成员的想法添加到自己的思维导图上，实现个人思维的升华。

第 4 章　团队创新，智慧碰撞，思维飞跃

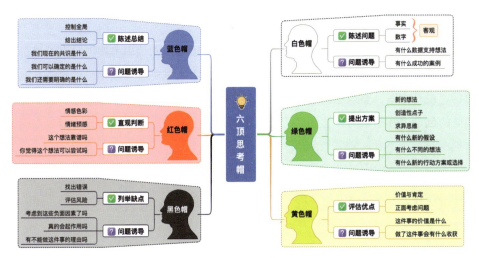

图4-3　六顶思考帽

4.2.3　集体头脑风暴

MindMaster攻略： 完成小组讨论后，会议记录员将各小组的点子用不同颜色录入MindMaster的头脑风暴墙，如图4-4所示。也可以让每个团队成员通过"在线协同"功能，把个人创意添加到集体头脑风暴思维导图上。

图4-4　头脑风暴墙

[057]

4.2.4 集体思维导图输出

完成集体头脑风暴后，整个团队需要进行讨论，并运用"六项思考帽"对点子进行筛选，最终整合出初步的成果——集体思维导图。稍作休息后，团队需要进行集体思维导图方案确认，包括设定目标、设计方案、整理思路和观点，最终创作出一张可执行的思维导图。这个过程将进一步激发团队的创造力和想象力，让团队成员从不同的角度出发，为实现目标贡献出自己的智慧和创意。

4.2.5 头脑风暴注意事项

进行头脑风暴有以下注意事项。

1. 主题明确

会议主题要明确，提前通知团队成员，给团队成员一段准备时间。

2. 主持人/记录员

选用有经验的主持人，只主持会议、记录想法，不对想法进行评价。

3. 会前热身

会前安排5分钟热身时间，玩一些小游戏活跃气氛，放松大脑。

4. 控制人数

每个小组人数控制在10人以内，由不同专业或不同岗位工作者组成。

5. 控制时间

每次讨论控制在20～60分钟，时间太长，团队成员容易疲惫。

6. 自由思考

座位安排宜采用圆桌形式，避免受到职位等级影响。

7. 一人发言

任何时候都只能有一人发言，不能打断他人发言，也不能交头接耳。

8. 不做评判

避免批判、评论他人的想法。

9.以量求质

提出的点子越多越好，争取每轮提出20+个点子。

10.鼓励相互启发

认真聆听其他团队成员的发言，从中获得启发。

11.适当总结

根据问题适当收拢思维，进行阶段总结，再重启发言。

思维导图可以在集体讨论中充当记录集体思维活动的工具，记录思维的碰撞过程，帮助团队达成一致意见。在这个过程中，个体的思维能够结合在一起，形成一个"集体大脑"，并反映多重思维的演变过程。

除此之外，思维导图还可以在其他商业场景中发挥作用，如策划项目、分析问题、制定决策、管理项目及培训和教育等。它可以激发集体的创造力，提高团队的工作效率，帮助团队更好地解决问题并取得更丰富的成果。

4.3 · 思维创新，打破固有思维

4.3.1 培养创新思维

创新思维是指在认识和解决问题的过程中，能够超越既有的知识和经验，提出新的观点、方法和方案的思维方式。

创新思维具有以下特点。

1.发散性

即能够从多个角度、层面和方向思考问题，寻求多种可能性。

2.联想性

即将已有的知识、信息和经验，进行跨领域、跨行业、跨时空的联系和组合。

3.综合性

即能够把握事物的本质和规律，进行归纳、概括和整合。

4.突破性

即能够打破传统的思维定势，敢于质疑、挑战和改变现状。

培养创新思维，可以从以下五个方面着手。

1.转变思想，树立创新精神

要认识到创新是社会进步和个人成长的动力，不断增强创新意识和信心。要摒弃迷信经验、权威等惯性思维，敢于透过现象看本质，

勇于提出自己的见解和建议。

2. 积累知识，拓宽视野

要系统地学习相关专业知识，并不断更新自己的知识结构。要广泛地了解各种领域的信息，并与自己所学所知相结合。要多问为什么，多观察分析身边的事物和现象，并从中发现问题和机会。

3. 利用工具，激发灵感

要掌握并运用一些有助于激发创新思维的工具和方法，如思维导图、头脑风暴、六顶思考帽等。这些工具和方法可以帮助我们进行发散性、联想性、综合性、突破性等各种类型的思考，并产生更多更好的想法。

4. 实践锻炼，提高能力

要把创新思维应用到实际问题中去，并不断检验和完善自己的成果。要积极参与各种形式的实践活动，并主动承担责任与迎接挑战。要善于借鉴他人的经验与方法，并及时反馈与交流。

5. 日常生活，做到"四求"

在日常生活中培养创新思维需要我们做到"求异""求知""求辅""求实"。只有这样才能在把握事物客观发展规律的基础上实现变革与创新。

培养创新思维的五个方面如图4-5所示。

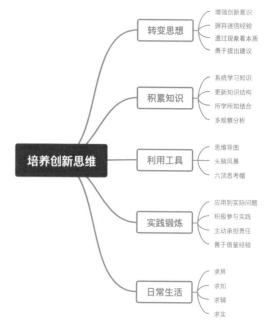

图4-5 培养创新思维

创新思维在职场中越来越受到重视，然而并非每个人都天生具备创新思维。优秀的职场人需要通过不断学习和实践来培养和提升自己的创新思维和创新能力，以应对快速变化的商业环境和不断出现的挑战。

我们每天都会产生创新的想法，但并不一定拥有创新思维。那么我们到底应该如何培养创新思维呢？

下面我们来做一个小测试。

如图4-6所示，平面上有8个点，请用一条线把它们连起来。

图4-6 平面上的8个点

很多人第一时间给出的答案如图4-7所示。

图4-7 8个点连成一条线

但该测试还有其他答案，如图4-8所示。

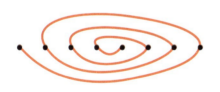

图4-8 8个点连成一条线的其他答案

当然，这也并非该测试的全部答案，但该测试反映出一个现象，不知你是否意识到：为什么大多数人第一时间都会给出图4-7所示的答案，而不是其他的答案呢？原因就是很多人都存在思维定势。

4.3.2 思维定势的形成

思维定势是一种固定化的思考方式，即对特定事物或情境的认知、解释和处理方式形成了一种固定的、刻板的模式，缺乏灵活性和创新性。思维定势会影响人们对新信息的接受和理解，限制他们对事物的判断和决策。

思维定势通常是在长期的学习和工作中形成的，是人们为了方便和快速地处理信息而形成的一种习惯性思考方式。例如，人们在处理某类问题时倾向于采用某种特定的思考方式，而不会尝试使用不同的思考方式。思维定势的产生与多种因素相关，包括教育背景、文化背景、社会环境、个人经验和性格特征等。

4.3.3 如何打破思维定势

美国心理学家邓克尔通过研究发现，人的大脑在筛选信息、分析问题并做出决策的时候，总是沿着之前熟悉的路径进行思考，而当人陷入思维定势后，人的潜能就很难被发挥出来。

思维定势会限制人的视野和判断力，导致人思考问题的角度和方法过于单一和僵化，从而失去解决复杂和新颖的问题的能力。因此，打破思维定势是提高创造力和解决问题能力的重要途径。打破思维定势的方法如图4-9所示。

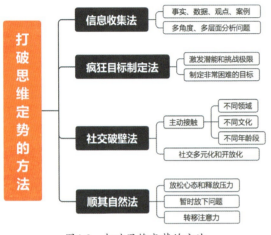

图4-9 打破思维定势的方法

1.信息收集法

这是打破思维定势最基本、最重要的方法。形成思维定势很大程度上是由信息不对称或不充分导致的。因此，在面对一个问题时，我们应该尽可能多地收集相关信息，包括事实、数据、观点、案例等，从多个角度和层面去分析问题。

2.疯狂目标制定法

这是一种激发潜能和挑战极限的方法。在制定目标时，我们往往会受到自身条件或外部环境的限制，而设定一些保守或平庸的目标，这样就容易陷入舒适区，缺乏进取心和创新意识。为了打破思维定势，我们可以尝试制定一些看似不可能或非常困难的目标，并且坚持去完成它们。

3.社交破壁法

这是一种拓宽视野和增加交流的方法。在社交活动中，我们往往会选择与自己相似或相处愉快的人成为伙伴，而忽略其他具有不同特质或背景的人。这样就容易导致我们陷入一个封闭或同质化的社交圈子，缺乏多元化和开放化的社交。为了打破思维定势，我们可以主动与不同领域、不同文化、不同年龄段的人进行沟通和交流。

4.顺其自然法

这是一种帮助我们放松心态和释放压力的方法。在面对一个棘手或紧急的问题时，我们往往会感到焦虑或紧张，并急于求成地寻找答案或解决方案。这样就容易让自己进入"死胡同"，失去灵感和创造力。为了打破思维定势，我们可以暂时放下问题，转移注意力去做一些轻松愉快的事情。

创新小故事：向总统推销斧头

布鲁金斯学会，这个被誉为销售精英摇篮的机构，以其独特的培训方式和严格的考核标准而闻名。每期学员毕业之际，学会都会设计一道富有挑战性的实习题目，旨在检验并提升学员的销售能力。当乔治·沃克·布什总统上任后，学会的实习题目令人瞠目结舌——将一把斧头推销给现任总统。

这一任务看似荒诞不经，毕竟，向全国最具权势的人物推销日常用品，无异于天方夜谭。然而在这样的挑战面前，一位名为乔治·赫伯特的学员展现出了非凡的洞察力和创造力。他没有被传统的思维框架所束缚，而是敏锐地捕捉到了一个机会。赫伯特了解到布什总统拥有一座农场，他意识到，农场的树木管理可能正是斧头的一个潜在应用场景。

于是，赫伯特精心撰写了一封信，巧妙地将斧头与总统的个人兴趣相结合："尊敬的总统先生，我有幸参观了您位于德克萨斯州的农场，那里的自然风光令我印象深刻。我发现，您的农场里种植着许多树木，其中一些树木的木质似乎已变得松软。考虑到树木管理的重要性，我相信一把优质的斧头会成为您维护这片绿色家园的理想工具。我恰好有一把斧头，它锋利耐用，非常适合修剪枯木，促进树木健康生长。如果您对此感兴趣，敬请通过信中提供的联系方式与我联系。"

这封信不仅体现了赫伯特对销售艺术的深刻理解，也展现了他对目标客户个性化需求的精准把握。最终，赫伯特收到了总统的回应，以及一笔15美元的汇款，证明了他的销售策略取得了成功。

这个故事迅速在业界传开，引发了广泛的讨论和思考。许多人惊叹于赫伯特的创意与勇气，同时也意识到了"霍布森之门"——那些自我设限的观念阻碍了人们的创新思维。要培养创新思维，我们必须勇于打破常规，敢于挑战那些看似不可能的任务，这样才能开拓出新的可能，拥有更多的选择与机遇。

创新思维是可以培养的，只要拥有创新的意念，每时每刻想着去发现，那么创新的思路就会源源不断地出现。

创新小故事：推销鞋子

在竞争激烈的鞋子市场中，A公司和B公司作为行业内的两大巨头，都在全球范围内积极拓展业务。一日，A公司得知赤道附近存在一座岛屿，岛上居民众多，但尚未接触现代鞋类产品。察觉到潜在的市场机会，A公司迅速派遣了一名经验丰富的销售人员前往该岛屿进行市场调研。B公司不甘落后，同样派出了自家的销售人员，意图抢先一步挖掘市场潜力。

两位销售人员抵达岛屿后，立刻成了岛上居民关注的焦点。岛上居民衣着简朴，习惯赤脚行走，对于外来者脚上的鞋子充满了好奇与不解。面对这样一个陌生的文化环境，两名销售人员做出了截然不同的抉择。

A公司的销售人员观察到岛上居民没有穿鞋的习惯，认为在短期内难以改变他们的生活方式，从而怀疑开拓市场的可行性。基于此判断，他认为继续留在岛上进行推销活动可能徒劳无功，于是决定提前结束考察，返回总部。

相比之下，B公司的销售人员展现出更为开放与创新的思维方式。他并未被眼前的文化差异所局限，反而视之为一次难得的市场开拓机会。他主动与岛上居民建立友谊，耐心地解释穿鞋的好处，如保护脚部免受伤害、提高行走舒适度等。为了赢得信任，他还将随身携带的样品鞋赠予部分居民试穿，这一举动迅速拉近了他与岛上居民的距离。

在深入交流与观察中，B公司的销售人员敏锐地发现了岛上居民脚型与常人脚型的细微差别，这可能是长期赤脚行走的结果。意识到这一点，他详细记录了相关数据，并及时向总部提交了一份详尽的市场分析报告。B公司根据报告中的信息，专门设计并生产了一批适合岛上居民脚型的鞋子。

这批专门为岛上居民量身打造的鞋子一经推出，便受到了热烈欢迎，迅速售罄。B公司不仅成功开辟了一个全新的市场，还与岛上居民建立了密切的联系。作为此次开拓市场的关键人物，B公司的销售人员也因此获得了丰厚的奖励，其创新精神与市场洞察力得到了高度认可。

这两则创新小故事可以给我们一些启示：要培养创新思维，我们需要敢于探索新的领域和方向，开拓发展的空间，我们要将创造力发挥到极致，不仅要满足市场需求，还要挖掘市场需求；我们要通过提供产品的附加价值，创造新的销售机会，同时创造新的市场需求，让创新成为企业的核心竞争力。

4.3.4　1+1＞2的创新

很多人都希望抓住商机成功创业，但并不

是所有的项目都是好项目。在互联网时代,项目的数量很多,但是具有创新性的项目却很少。很多人认为只有从零开始发明出一种东西才算是创新,实际上,真正的创新不是单纯创造出一种东西,而是通过有效的资源整合创造出新的东西。其中,资源整合可以是将现有的资源进行重组,也可以是将不同领域的资源进行整合。这样的创新不仅可以在产品上进行,还可以在商业模式、服务模式上进行,甚至可以在组织管理上进行。通过创新,可以打破传统的思维定势,从而创造出更具有竞争力的产品和服务。

因此,要想在当下的市场中获得成功,需要不断地挖掘和整合资源,找到合适的切入点,创造出具有创新性的产品和服务。同时,也需要打破思维定势,拥抱变化,积极学习新知识,提升自己的创新能力和竞争力。只有这样,才能在激烈的市场竞争中立于不败之地。

创新小故事:方便面的诞生

安藤百福,一位出生于中国台湾的日籍华裔企业家与发明家,是现代方便面的开创者之一,安藤百福从小便在家族经营的小型面条店中耳濡目染,对食品加工产生了浓厚的兴趣。尽管成长历程中经历了"二战"的动荡与艰辛,安藤百福从未放弃过内心对创新与发明的渴望。

1966年,带着对未来的无限憧憬,安藤百福踏上了前往美国的旅程。他的目标是向美国食品行业的巨头们展示一项革命性的发明"袋装即食面"——一种便捷且美味的方便面产品。然而,当时的美国市场对于这种新颖的食品概念尚存疑虑,安藤百福的推广之路充满了挑战与困难。

面对行业大佬们的冷淡反应,安藤百福并未退缩。他坚信,只要找到正确的方法,就能打开市场的大门。于是,他决定采取更为直接的策略,亲自走访各个城市,深入了解消费者的真实需求。在这段充满不确定性的旅程中,安藤百福的坚韧与智慧得到了充分展现。

转机出现在一次不经意间。在某个小镇的街头,安藤百福偶然品尝到了一种当地人极为喜爱的传统美食——"Chicken Ramen"(鸡肉拉面)。这碗热气腾腾、香气四溢的拉面,激发了他灵感的火花。安藤百福意识到,要想在美国市场取得成功,必须让自己的方便面产品更加贴近当地人的口味偏好。

回到实验室,安藤百福投入了大量的时间和精力,对原有的方便面配方进行了精心改良。他结合"Chicken Ramen"的风味特色，创造出了一款既保留了方便面便捷特性，又融合了地道美式口味的新品。这一次，安藤百福的努力得到了回报。改良后的方便面一经推出，迅速赢得了美国消费者的青睐，销量节节攀升。

凭借这一创新之举，安藤百福不仅成功地将方便面推向了美国市场，更奠定了自己在全球食品行业中的领军地位。他用实际行动证明了，即使在逆境中，只要有决心与智慧，就能找到通往成功的道路。

安藤百福的故事生动诠释了创新思维如何帮助个体打破思维定势，开辟全新领域。在面对美国市场时，安藤百福最初遭遇的挑战，实质上是行业内外普遍存在的思维定势。当时，无论是食品行业的专家还是普通消费者，都对"袋装即食面"这一新型方便食品抱有固有的偏见和疑虑。这种普遍的思维定势，源自对传统食品消费模式的依赖和对新鲜事物的本能抗拒，构成了方便面进入市场的首要障碍。

然而，安藤百福并未被这些思维定势所束缚。相反，他展现出了卓越的创新能力和灵活的应变策略。面对行业专家们的冷漠态度，安藤百福没有选择放弃，而是决定直接面向消费者，寻找市场需求的真实反馈。这一决策，实际上打破了传统的市场进入路径，展现了超越行业惯例的创新思维。

4.3.5 打破传统销售模式

随着数字经济的兴起，"直播+"已成为未来电商行业的发展趋势。在传统的产品销售方式中，人们常常逛集市，听着商贩的吆喝叫卖来购物。直播带货将吆喝叫卖的方式与互联网直播平台的产品推销模式相结合，实现了交易范围、成本的转化和优化。直播带货让人们可以方便地看到商家对产品全方位、生动有趣的展示，从而获得产品信息，足不出户就能享受到优质产品的购买和售后服务。近年来，社交电商、内容电商和种草平台也日益增多，很多网红、演员、歌手开设自己的直播间或直播平台，直接选品带货，用自己的影响力获得消费者的信任，从而提高产品交易转化率。

MindMaster攻略： 使用MindMaster梳理直播带货营销策略，如图4-10所示。

第 4 章 团队创新，智慧碰撞，思维飞跃

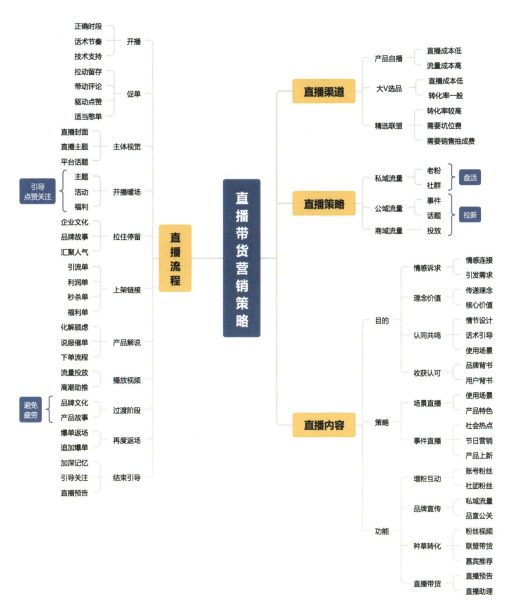

图4-10 直播带货营销策略

根据中国互联网络信息中心2023年8月发布的第52次《中国互联网络发展状况统计报告》，我国网络直播用户规模截至2023年6月已达7.51亿，占全体网民的69.6%。直播电商行业也随之高速发展，直播带货由于时间灵活、门槛低且收益可观等优点，吸引着越来越多的人涌入这个领域。本小节将通过思维导图为大家展示直播带货的运营思路。

首先，我们要明确直播的渠道，无论是一个人还是一个团队都可以开播，两者最大的区别就是精力和成本的投入。

直播渠道如图4-11所示。

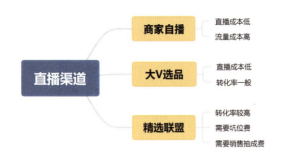

图4-11　直播渠道

然后，我们要确定直播的策略和内容。

直播策略主要是对流量的利用，流量大致有三种：私域流量、公域流量和商域流量。对于私域流量，在非直播时段可以发布一些与产品相关或与品牌相关的人物、事件的短视频，这样不仅可以让老粉活跃起来，还能吸引新粉关注，如图4-12所示。

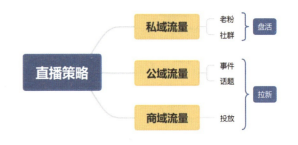

图4-12　直播策略

确定直播内容主要需要考虑以下几方面。

1. 情感诉求

需要提前策划好直播内容来洞察用户的各项诉求，与用户形成情感连接，引发用户对产品的需求。

2. 理念价值

通过直播给用户传递品牌理念，以及产品的市场需求，深耕个人/品牌账号的核心价值。

3. 认同共鸣

通过情节、话术、场景等使用户与产品文化理念产生共鸣，赚取信任值，提升产品口碑。

4. 收获认可

借助直播场景为品牌背书，使用户对产品和内容高度认可。生产高质量的短视频内容，搭配一些适合直播电商的组货策略。

5. 场景/事件直播

以高端产品使用场景、产品特色等突出品牌特点的内容进行场景直播，学会借助社会热点、节日营销、产品上新等事件进行事件直播。

6. 增粉互动

粉丝运营是直播带货的重点，直播前、中、后期都需要注重粉丝的互动和留存，通过多种形式把"普粉"转化成"铁粉"。

7. 品牌宣传

私域流量与品宣公关是提升品牌影响力和用户黏性的重要手段。通过精准营销和优质内容，我们可以有效引导用户进入私域流量池，为品牌积累稳定的用户基础。同时，利用多种渠道和策略进行品牌宣传，能够显著提升品牌的知名度和影响力。

品宣公关作为品牌建设的核心环节，通过制定和执行品牌公关策略，塑造积极的品牌形象，增强消费者对品牌的认知和信任。

8. 种草转化

在粉丝互动方面，应注重粉丝视频的制作与发布。通过创作与粉丝互动、品牌宣传相关的视频内容，并在社交媒体平台上发布与分享，加强与粉丝的沟通和联系，提升粉丝的参与度和忠诚度。

此外，联盟带货与嘉宾推荐也是品牌发展的重要策略。与其他品牌或网红合作，共同推广产品，可以实现资源共享和互利共赢。

9. 直播带货

直播相关功能也为品牌发展带来了新的机遇。可以提前发布直播预告，吸引用户关注和预约；在直播中推广和销售产品，提升销售效果。同时，可以安排直播助理协助主播进行直播管理，确保直播活动的顺利进行。

直播内容如图4-13所示。

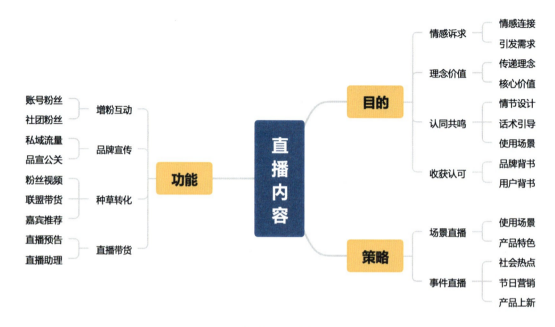

图4-13 直播内容

最后,直播过程中我们需要掌控好直播的节奏,核心策略就是在正确的时间段售卖正确的产品。直播的时候每一个动作都对应一项任务指标,为下一个流量池蓄能。

另外,还可以通过拉留存、评论、点赞、憋单、促单等方式提升直播间曝光率。直播人员要了解每一组动作对应的直播间核心评估数据,综合提升直播间表现,为直播间获取更多公域流量。

直播带货效果是受多种因素影响的,我们需要全面地、系统地了解和统筹整个过程,从实际情况出发,要重视用户的实际需求,进而更好地对自身营销方案进行改进与优化,提高用户对于产品的接受程度,同时也要及时复盘,优化各个流程,去芜存菁,时刻保持创新思维。

直播流程如图4-14所示。

图4-14 直播流程

可以看出，打破传统销售模式是一个既有挑战也有机遇的过程。只要我们保持创新思维，寻找新的营销策略，优化销售渠道，提高销售转化率，就有可能在竞争激烈的市场中占据优势，取得成功。无论是直播带货、内容电商还是其他创新的销售模式，都需要不断地调整和优化，以适应不断变化的市场需求和消费者行为。因此，我们应该不断地提升自己的思维能力，并不断学习、试错和改进，才能在这个充满挑战和机遇的新时代中获得成功。

4.3.6 4Cs营销理论

销售模式的创新需要制定一些针对消费者需求和市场变化的营销策略。接下来介绍的4Cs营销理论可以帮助大家分析消费者导向、市场导向、价值导向和关系导向，从而更好地适应市场环境和消费者需求，提高品牌的影响力和市场竞争力。

4Cs分别指Consumer（消费者）、Cost（成本）、Convenience（便利）和Communication（沟通）。1990年，美国营销专家罗伯特·劳特朋（Robert F. Lauterborn）在其专文《4P退休4C登场》（*New Marketing Litany: Four Ps Passé: C-Words Take Over*）中提出了与传统的4P（产品、价格、推广、渠道）营销理论相对应的4Cs营销理论，强调以消费者为中心，以消费者的需求和满意度为出发点，具体包括以下四个方面。

（1）消费者：主要指消费者的需求。企业必须了解和研究消费者，根据消费者的需求来提供产品。

（2）成本：成本不只是企业的生产成本，或者说4P理论中的价格，它还包括消费者的购买成本。理想的产品定价应该既低于消费者的心理预期价格，又能保证企业盈利。此外，消费者的购买成本不仅包括其货币支出，还包括其为此耗费的时间、体力和精力，以及购买风险。

（3）便利：即为消费者提供最大的购买和使用便利。4Cs营销理论强调企业在制定营销策略时，要更多地考虑消费者是否方便，而不是企业自己是否方便。要通过好的售前、售中和售后服务来让消费者在购物的同时享受到便利。便利是客户价值不可或缺的一部分。

（4）沟通：被用以取代4P理论中的推广。4Cs营销理论认为，企业应通过同消费者进行积极有效的双向沟通，建立基于共同利益的新型企业或消费者关系。这不再是企业单向的促销和劝导消费者，而是双方在沟通中找到能同时实现各自目标的途径。

4Cs营销理论如图4-15所示。

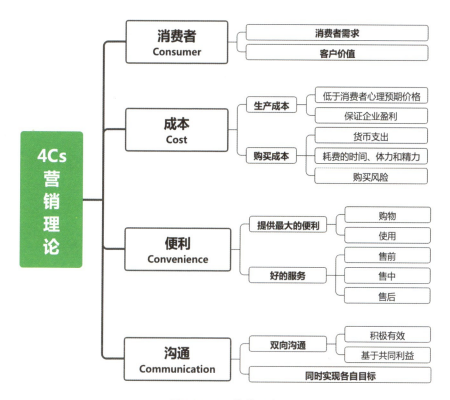

图4-15　4Cs营销理论

MindMaster攻略： 用MindMaster制作4Cs营销理论思维导图。

4.3.7　群体决策创新

群体决策由Duncan.Black在1948年首次提出，这一概念被广泛研究则是在20世纪80年代之后。1987年，Hwang CL对群体决策进行了明确定义，即群体决策是指不同成员提出自己的决策方案，将所有的方案形成方案集合，决策参与者（即决策群体）基于个体偏好和某种规则，最终形成一致的决策方案。

群体决策可以充分发挥集体的智慧，由多人共同参与决策分析与决策制定。下面列出六种展开群体决策的方法，如图4-16所示。

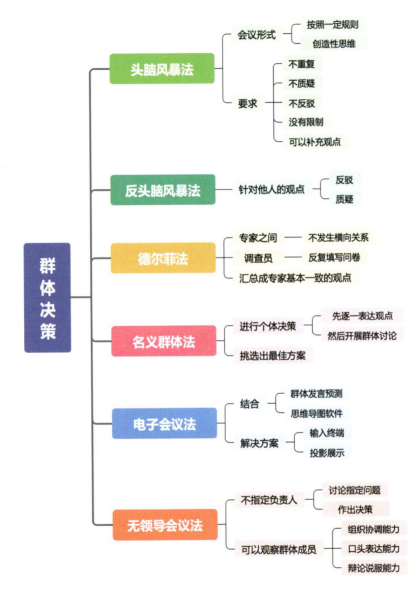

图4-16 展开群体决策的方法

1. 头脑风暴法

按照一定规则召开会议，充分运用创造性思维，要求成员发言不重复、不质疑、不反驳、没有限制、可以补充观点。

2. 反头脑风暴法

针对他人的观点，一一反驳、质疑。

3. 德尔菲法

又称专家调查法，是一种独特的预测与决策工具。其核心机制在于构建一个非面对面的交流平台，通过多轮次的函件往来，让专家组成员在完全匿名的环境中自由表达观点，从而有效消除权威因素的干扰，确保每位专家观点的独立性与客观性。这一过程中，专家仅与调查员进行联系，反复填写问卷，不断接收并参考来自同僚的匿名反馈，以修正和完善自己的观点。经过多轮循环，直至专家组的观点趋于高度一致，形成最终共识。

4. 名义群体法

首先，要求团队成员独立地表达他们对某一问题或项目的观点，这确保了每位成员的意见都得到重视并避免从众效应。团队成员书面记录自己的观点以便于后续的整理和比较。接着，团队成员基于这些观点独立进行决策，发挥自己的专业知识和经验。最后，团队集合讨论，共同挑选出最佳方案或综合多个方案的优势，形成更优的方案。这一方法有效地结合了个人智慧与群体智慧，提高了决策的质量和效率。

5. 电子会议法

是将群体发言预测与思维导图软件相结合的新方法。团队成员将解决方案输入终端，然后投影到大屏幕。该方法的优点有匿名、可靠、快速；缺点有打字速度慢的人没有优势、无口头交流。

6. 无领导会议法

不指定负责人，讨论指定问题，并作出决策。可以观察群体成员的组织协调能力、口头表达能力、辩论说服能力等各方面能力。

那么，群体决策本身有哪些优点和缺点呢？群体决策的优点具体如下。

（1）可以非常全面且完整地把信息呈现出来，集体讨论能提高信息的全面性。

（2）可以增加观点的多样性，成员可以充分地发表自己的意见和想法。

（3）能够对各种可能性和各种因素进行充分且周全的考虑，这种全面的分析能够减少决策中的疏漏和错误，提高决策的质量。

（4）可以提高决策的可接受性，群体决策充分地考虑了多方的利益，使得决策可以满足多数人的利益，使得决策被多数人接受。

同样，群体决策的缺点也是非常明显的，具体如下。

（1）比较耗时，每个团队成员都要发表观点，然后选出或整合出一个能够让大家普遍接受的观点，整个过程需要较长时间。

（2）可能会出现从众现象，在决策的过程中，一些人可能相对比较沉默，放弃自己的观点；一些人比较强势，容易把自己的观点上升为一种群体观点。

（3）责任不清晰，参与的人越多，责任越容易被分散。

下面从速度、准确性、创新性、效率、冒险性五个方面对个体决策和群体决策进行比较，如表4-1所示。

表4-1　个体决策与群体决策的比较

衡量指标	个体决策	群体决策
速度	快	慢
准确性	较差	较好
创新性	较低，适合任务结构不明确或需要创新的工作	较高，适合任务结构明确、有固定执行程序的工作
效率	取决于决策任务的复杂程度，通常耗时较少	从长远来看，耗时虽多，但效率高于个体决策
冒险性	因个人的性格、经历而异	责任分散，有群体舆论压力

4.3.8 群体偏移

美国心理学家萨拉·罗斯·卡瓦纳在《蜂巢思维：群体意识如何影响你》中写道：如果我们与那些志趣相投之人主动形成一个社群，反复向彼此表达同样的观点，让这些观点不断得到加强，就形成了一个类似于"回音室"的社群，而智能手机和社交媒体更是大幅加强了我们的"同步性"，形成了超强的"回音室效应"，如果你一直待在里面，从不接触其他观点，那么你会更加深信自己的信仰，甚至可能出现激进化和社会分裂趋势。

我们在现实活动中也许有过这种经历：在参与集体讨论的过程中，有一些人表达了相同的观点，并且这个观点也得到了大部分人的赞同，而我们的观点却与之不同，此时，虽然我们很想表达自己的观点，但是不想与大部分人不同，最终放弃了表达。从组织行为学的角度深入剖析，群体决策过程不仅体现了集思广益的力量，也隐含着不容忽视的心理动态与潜在偏差。其核心在于群体成员间的相互影响，尤其是在从众心理的作用下，个体可能不自觉地调整或放弃原有的观点，以顺应群体共识。这一过程，正是群体偏移现象的温床，它揭示了群体决策中可能出现的偏差，即个体观点在群体环境中被放大或扭曲，最终导致决策偏离初衷。

4.3.9 合理的群体决策

接下来,我们来探讨如何实现合理的群体决策。首先,我们可以采用头脑风暴的方法,鼓励所有成员在会议上畅所欲言,自由表达自己的观点。然后,将这些观点汇总起来,以提供更多的解决思路。我们要鼓励自由想象,不要否定他人的观点。在头脑风暴中,任何可能和不可能、合理和不合理的观点都应该被提出。

观点越多,成功决策的可能性就越大。最后,我们要将观点整合和改进,得到最终的决策。

在群体决策中,我们也可以运用名义小组技术。名义小组技术是以一个小组的名义来进行群体决策,而不是实质意义上的小组讨论,每个成员要贡献自己的观点,其特点是"背靠背",成员可以独立思考,如图4-17所示。

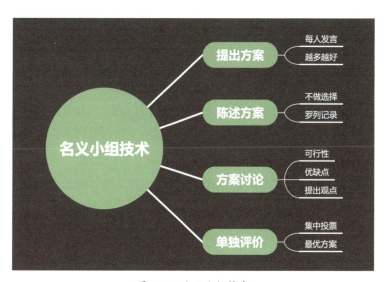

图4-17 名义小组技术

在群体讨论中,当各方意见激烈碰撞、难以达成共识时,名义小组技术可以作为一种有效的解决方案。为了成功实施这一技术,需要遵循以下步骤:

首先,确保每个成员都能充分表达自己的观点,这是名义小组技术的基石。在这个阶段,鼓励团队成员进行头脑风暴,提出尽可能多的方案,让每个成员的声音都能被听到。

其次,进行方案的陈述和记录。将每个成员提出的方案一一列出,不进行初步筛选或评价，只是单纯地进行记录和罗列。这一步旨在收集所有可能的方案，为后续的讨论和评价奠定基础。

再次，进入方案的讨论阶段。针对每一个方案，团队成员需就其可行性、优缺点等进行深入讨论，并提出自己的观点。通过集中讨论，可以更加全面地了解每个方案的优缺点，为后续的决策提供参考。

最后，进行单独评价并选择最佳方案。在所有方案讨论完毕后，团队成员进行独立评价，通过投票或其他方式选出得分最高的方案。这一步确保了决策过程的公正性和客观性，避免了个人偏见对决策结果的影响。

通过以上步骤，名义小组技术可以最大程度地发挥其优势，帮助群体在激烈讨论后达成最终共识，提高决策效果。

章节练习

某公司希望推出一款新产品，但目前还没有明确的产品概念和设计方案。请设计一次头脑风暴会议，汇集各方意见和想法，为新产品的开发提供启示和方向。

提示： 在设计头脑风暴会议的过程中，可以从以下几个方面入手。

确定头脑风暴的目标和问题，明确讨论的重点和范围。确定参与者的范围和数量，包括公司内部和外部的相关人士，可以邀请不同领域、不同背景的人员参与讨论。给参与者足够的时间来准备和思考，以确保每个参与者都能充分发挥自己的创造力和想象力。

确定头脑风暴的规则和流程，鼓励参与者大胆和自由地思考，避免批评和评价。采用多种方式收集参与者的想法和建议。对收集到的想法进行分类、整合和分析，提炼出有价值的想法和建议。在头脑风暴会议结束后，继续追踪和深入讨论有价值的想法和建议，为新产品的开发提供实际的方向和指导。

要求： 用MindMaster头脑风暴墙收集和整理想法，并用思维导图输出。

第 5 章 深度分析，拒绝烦琐，化繁为简

对问题的分析过于详细可能会把问题分解得过于零散，使我们失去对问题整体的把握和判断力。因此，我们需要学会有目的、有针对性地对问题进行分析，聚焦于核心问题，将信息有机地组织起来，以实现清晰而有力的表达。本章将带领大家使用思维工具分析问题、分解问题，以更好地理解问题的本质并寻求最佳解决方案。

5.1 金字塔原理

金字塔原理是一种重点突出、逻辑清晰的思考、表达和解决问题的方式，它将问题或观点分解成若干层次，逐层展开，形成金字塔状的结构。

金字塔原理的核心思想是将概念进行分解，归纳出一个中心论点，并用3~7个分论点来支持中心论点。每个分论点可以继续分解成更具体的论据。同一层级的分论点和论据是相互独立的。金字塔原理被广泛运用于商业和管理领域。金字塔原理的优势在于其独立的分组和层次化表达，使得论点更容易被接受。金字塔原理的核心思想如图5-1所示。

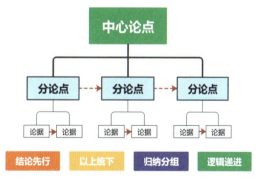

图5-1 金字塔原理核心思想

5.1.1 金字塔原理基本规则

金字塔原理的基本规则有结论先行、以上统下、归纳分组、逻辑递进。

（1）结论先行：在表达或沟通之前，先把结论说出来。

表达：领导，最近我家里有老人需要照顾，而且我自己身体也不舒服，最近的项目不是很紧张，我想请几天假。

总结：领导，我想请假。

原因：老人需要照顾+自己身体不舒服+项目不紧张。

（2）以上统下：上一个层级是对下个层级的总结。

对每个层级进行总结以后，再向下逐层分析：我今年在市场推广、销售运营方面都取得了比较好的成绩，市场推广方面的主要表现是……销售运营方面主要的表现是……

（3）归纳分组：将复杂的思想按照逻辑层次组织起来，确保每一组内的思想紧密相关，聚焦于同一主题或领域。

表达：领导，我建议我们将会议定于周四上午。原因是，张三无法参加下午的会议；李四表示除了周三上午有其他会议安排，其他时间比较灵活；而王五的秘书确认王五周四才能返回公司；此外，会议室在周五已被预订，周四上午成了一个既符合所有人时间安排又能确保场地可用的理想时段。因此，我认为周四上午是安排会议的最佳时间。

（4）逻辑递进：每组内容都要按照顺序排列。

结构顺序：采用MECE分析法，各内容相互独立+所有内容完全呈现。

程度顺序：将内容按照"先强后弱，先重要后次要"排列。

时间顺序：将内容按照前后因果及发生的时间先后排列。

5.1.2 金字塔原理的三个原则

金字塔原理强调了结构化思维的核心在于构建稳固的金字塔状结构，使用该原理分析问题必须遵循三大原则以确保信息清晰与高效地传达。

（1）上层信息需精准总结下层信息，实现信息的层次化提炼。

（2）同一层级的信息应保持类别一致性，便于读者理解与归类。

（3）信息需依据特定逻辑顺序排列，确保论证的连贯性与说服力。

这三大原则作为金字塔原理的精髓，是构建稳固金字塔状结构的基石。违背这些原则将导致问题分析结构松散、信息混乱。金字塔原理不仅是问题定义与分析的得力助手，也是书面表达与思想组织的有力工具，它贯穿于写作过程的始终，指导着从构思到成文的每一个环节，确保内容的逻辑性、清晰性。

5.1.3 金字塔原理的实际运用

要用好金字塔原理，我们需要遵循以下四个步骤。

1. 确定中心论点

中心论点是我们想要传达给他人的最重要的观点，它应该是简洁、明确和有说服力的。

2. 分解分论点

分论点用于证明和解释中心论点的细节，应该按照逻辑关系（如因果、对比、分类等）分解出若干个分论点，每个分论点都要与中心论点相关联。

3. 排列层级结构

排列层级结构是指将论点和论据按照重要性或先后顺序进行排列，形成金字塔状的结构，最上面是中心论点，中间是各个分论点，下面是各个分论点进一步分解出的多个论据。

4. 清晰表达

清晰表达是指用语言或图表将金字塔呈现给听众或读者，使他们能够快速地理解和接受我们的观点。我们应该按照自上而下、自左而右、总分总的顺序，先给出中心论点，再展开分论点和论据，最后总结重申中心论点。

下面介绍金字塔原理在商业报告中的应用。

写商业报告通常需要阐述一个问题或提出建议，并提供相应的分析和证据。金字塔原理可以帮助我们把复杂的问题简化为一个中心论点，并按照逻辑顺序展开各个分论点进行分析和论证，使用金字塔原理制作的"企业运营效率与利润增长策略"商业报告思维导图如图5-2所示。

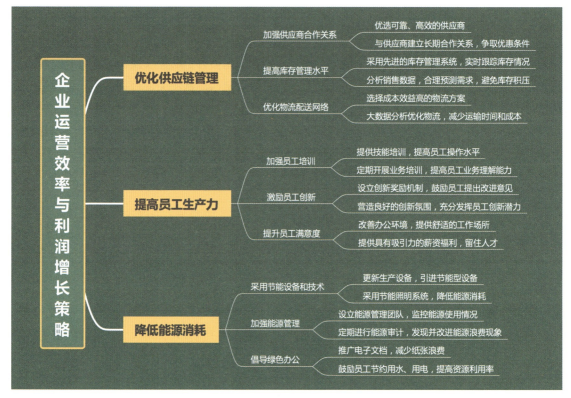

图5-2 "企业运营效率与利润增长策略"商业报告思维导图

进行演讲或汇报时,我们需要吸引听众的注意力,并让他们理解我们想要传达什么信息。使用金字塔原理制作的"提高公司市场份额"思维导图如图5-3所示。

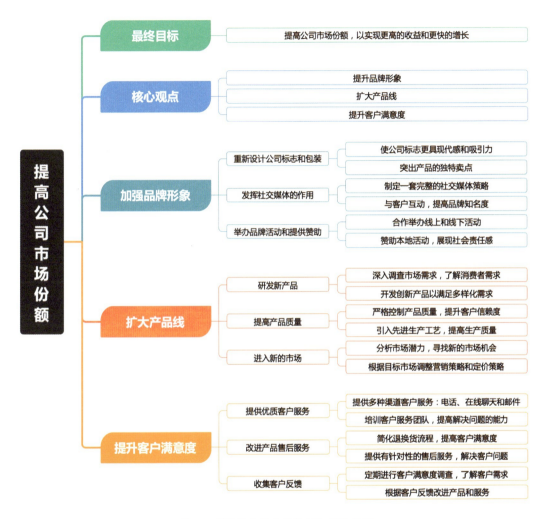

图5-3 "提高公司市场份额"思维导图

使用金字塔原理进行产品介绍时,我们通常会使用从上至下、从概括到具体的表达方式。这种表达方式可以让客户快速抓住产品的核心价值和特点,进而理解其详细功能和优势。

MindMaster攻略:用MindMaster制作产品介绍思维导图,如图5-4所示。

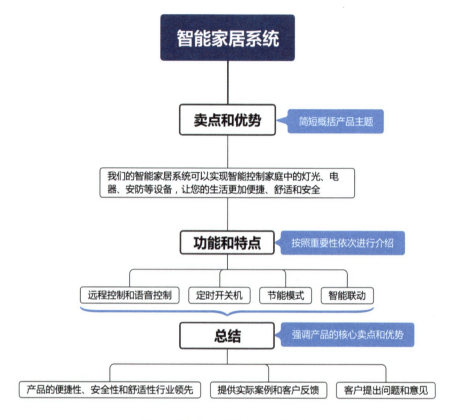

图5-4 "智能家居系统"思维导图

5.2 MECE 分析法

MECE分析法英文全称为 Mutually Exclusive Collectively Exhaustive，意为相互独立、完全穷尽。使用MECE分析法分析一个问题的时候，通过逐步分解把问题的所有要素都梳理清楚，并确保所有的要素都不重叠且没有遗漏，从而归纳出问题的核心，以此找到解决问题的方法。MECE分析法实际上是一个关于分类和区分的方法，简单来说就是把一个工作项目分解为若干个更细的工作任务，再从这些工作任务中分解出小任务，并且确保所有分解出的小任务拥有独立性和完整性。

让我们来更深入地理解一下独立性和完整性的概念。独立性意味着分解出的任务之间不能有任何重叠或交叉，每个任务都必须处于同一个维度中。而完整性则要求在分解工作项目的过程中，不遗漏任何一部分，并确保所有分解出的任务重新组合起来后等于初始的工作项目。简而言之，独立性和完整性是MECE分析法的两个核心原则，用于确保分解的任务是清晰、完整、无遗漏和相互独立的。只有遵守这两个原则，才能有效地使用MECE分析法来分析问题和解决问题。

下面以衣服分类为例，说明如何使用MECE分析法。如果我们把衣服分为春秋季服饰和职业套装这两个类别，这样的分类方式并不符合MECE分析法。为什么呢？因为有些衣服可以既是职业套装，又是春秋季服饰，这两个类别之间存在重叠。此外，这样的分类方式也存在遗漏，比如夏天的休闲服不属于这两个类别中的任何一个。那么，应该如何为衣服分类呢？我们可以按照季节来为衣服分类，如图5-5所示。因为一年只有四个季节，这样的分类方式符合独立性和完整性的原则。

图5-5　衣服分类

MECE分析法在问题分析领域中扮演着至关重要的角色，它可以从独立性和完整性两个方面提升我们思考问题的归纳能力，从而帮助我们厘清思路。

使用MECE分析法可以帮助我们提高解决问题的逻辑能力和沟通效率，这需要经过以下几个步骤。

第一步：明确问题和目标。

在分析问题之前，我们要清楚问题是什么，需要解决什么，以及要达到什么目标。这样有助于我们聚焦关键点，避免偏离主题。

第二步：按照某个维度或标准分解问题。

分解的维度或标准可以根据具体情况选择，如按照时间、空间、人物、原因、影响等进行分解。

第三步：继续向下分解。

对于分解出来的任务，可以继续按照MECE分析法向下分解。我们必须记住分解的目的是什么，要以终为始，并且保持层次清晰。

第四步：总结归纳行动方案。

在完成问题的分解和分析后，需要从中提炼出主要结论和建议，总结归纳出行动方案，并用简洁明了的语言表达出来。

通过对问题的层层分解，我们可以轻松地了解全局，并分析出关键问题，从而找到解决问题的方法。

MECE分析法使用步骤如图5-6所示。

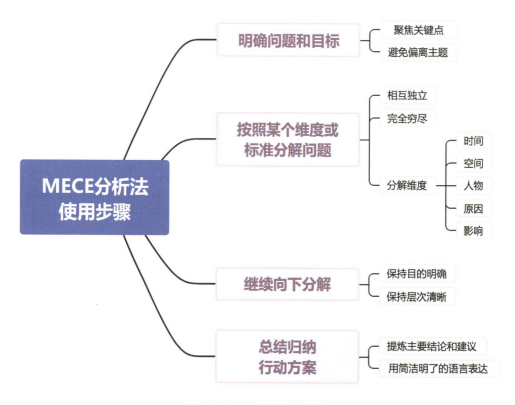

图5-6　MECE分析法使用步骤

MindMaster攻略： 使用MindMaster和MECE分析法进行问题分析并制作思维导图。举例如下。

假设我们要分析一个公司利润下降的原

因，并提出改进措施。我们可以按照以下步骤进行问题分析，如图5-7所示。

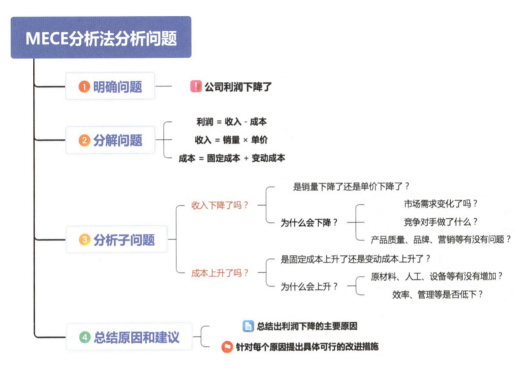

图5-7 MECE分析法分析问题

（1）明确问题：公司利润下降了。

（2）分解问题：利润＝收入-成本；收入＝销量×单价；成本＝固定成本＋变动成本。

（3）分析子问题：

收入下降了吗？如果是，是销量下降了还是单价下降了？为什么会下降？市场需求变化了吗？竞争对手做了什么？产品质量、品牌、营销等有没有问题？

成本上升了吗？如果是，是固定成本上升了还是变动成本上升了？为什么会上升？原材料、人工、设备等有没有增加？效率、管理等是否低下？

（4）总结原因和建议：根据对收入和成本各个方面的分析结果，总结出利润下降的主要原因，并针对每个原因提出具体可行的改进措施。

5.3 波特五力模型

5.3.1 什么是波特五力模型

波特五力模型是美国管理学家迈克尔·波特提出的经典行业分析框架。它可以帮助我们分析一个行业的基本竞争态势、盈利能力和市场吸引力。

波特认为一个行业中的竞争主要来源于五种力量，分别是供应商议价能力、购买者的议价能力、替代品的威胁、新进入者的威胁和现有竞争者的竞争，如图5-8所示。这五种力量综合起来决定了这个行业的竞争激烈程度。

在考虑进入新行业或开展新业务时，波特五力模型可以用于挖掘关键信息。要使用波特五力模型进行分析，需要先识别行业的主要参与者，包括供应商、购买者、替代品、新进入者和现有竞争者。

在进行分析时，我们需要分析每一种力量并确定其对行业的影响程度。例如，如果某个行业中有很多供应商，并且他们拥有强大的议价能力，那么这个行业的利润率可能会受到影响。同样，如果新进入者的威胁很大，那么现有竞争者就需要提升自身的竞争能力。

另外，需要注意的是，波特五力模型是一种动态的分析方法，因为随着时间的推移和行业环境的变化，行业中各种力量的影响程度可能会变化。因此，定期使用波特五力模型进行分析可以帮助企业及时了解行业情况，并为未来的决策提供参考。

图5-8 波特五力模型

5.3.2 波特五力模型的五种力量

1. 供应商的议价能力

供应商的议价能力指供应商是否有能力提高产品或原材料的供应价。如果一个供应商提供的产品或原材料对企业非常重要或非常稀缺,那么该供应商就有很强的议价能力。

2. 购买者的议价能力

购买者的议价能力指购买产品的客户有没有压价的能力。比如,某企业的行政人员每天都要购买200杯咖啡作为下午茶,他的议价能力会很大程度影响咖啡店的收益。

3. 替代品的威胁

替代品的威胁指如果客户不选择某产品,是否有性价比更高、转换成本较低的替代品可以选择。例如,咖啡的替代品包括茶饮、奶茶等饮品。

4. 新进入者的威胁

新进入者的威胁指新企业的进入对该行业原有企业的威胁。如果新企业可以很容易地进入行业并与原有企业竞争,可能会使整个行业的利润率降低。而新企业进入行业的难易程度取决于该行业的进入门槛,原有企业可以通过自身的独特知识产权或技术、强大的资金能力、高品牌忠诚度,以及使用垂直整合等方式创造高进入门槛,阻止新企业进入。新进入者的威胁与进入行业的难易程度有关。如果行业看起来有很大的潜在利益且进入行业的壁垒不高,风险也不大,那么就会有很多新企业蜂拥而至,想要分一杯羹。对于小型咖啡店来说,由于前期的成本投入和资金需求不高,这个行业的进入门槛也不高。但随着新咖啡店数量的增加,原有咖啡店也会相对越来越难盈利。

5. 现有竞争者的竞争

现有竞争者的竞争指行业中现有的企业之间的竞争。

在竞争激烈时,客户通常会选择产品价格低的企业。竞争者越多,整个行业的利润率就越低。但如果行业内竞争者很少,并且企业的产品定位独特,很难用另一种产品来替代,那么产品定价就可以更高,从而提高利润率。因此,评估行业内的竞争者数量和他们的产品的相似程度非常重要。

5.3.3 波特五力模型的局限性

虽然波特五力模型看起来很全面，但它也有一定的局限性。该模型衡量的是整个行业的平均盈利空间，而不是某个单独的企业的盈利空间。外部竞争虽然对企业盈利的影响很大，但是仅依靠波特五力模型来分析竞争情况是不够的，企业还需要结合其他模型，从不同角度分析行业情况，再根据自己的实际情况选择合适的战略。

另外，企业之间并不一定都是竞争关系，很多时候企业也会合作，以此扩大整个行业的市场份额。因此，在进行行业分析时，我们不能仅使用波特五力模型，还需要结合其他模型，综合分析行业情况。

总的来说，高利润行业通常竞争者较少，新进入者的威胁较弱，买家议价能力较弱，产品难以替代，供应商议价能力较弱。相反，低利润行业竞争者较多，新进入者的威胁较强，买家议价能力较强，供应商议价能力较强。

MindMaster攻略： 使用波特五力模型对苹果手机进行分析。

1. 供应商的议价能力

苹果是一个规模庞大的公司，对供应商的依赖较强。然而，苹果的订单量非常大，因此它相对于供应商而言具有相对较强的谈判能力，可以要求供应商提供高质量的零部件，并以较低的价格获得零部件。

2. 购买者的议价能力

苹果的客户群体非常庞大，包括个人消费者、企业及政府等。虽然苹果的品牌形象非常强大，但如果价格过高，消费者可能会选择其他品牌。因此，买家具有一定的议价能力。

3. 替代品的威胁

智能手表、平板电脑等产品的功能越来越强大，当消费者拥有这些产品时，会降低对手机功能的需求。

4. 新进入者的威胁

手机行业的进入门槛相对较高，需要一定的资本、技术和品牌知名度。此外，苹果在手机行业的市场份额非常大，因此新进入者很难挑战苹果的地位。

5. 现有竞争者的竞争

苹果的竞争对手非常强大，包括三星、华为等知名品牌。这些竞争对手在价格、技术、品牌影响力等方面都具有很强的竞争力。

总的来说，手机行业的竞争环境比较复杂，但由于苹果在品牌形象、技术和市场份额等方面具有很强的优势，它在这个行业中仍然处于较高的地位，如图5-9所示。

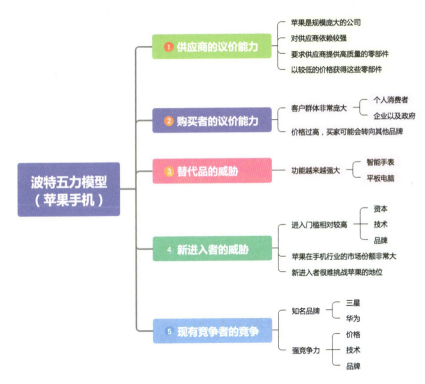

图5-9 波特五力模型分析苹果手机

章节练习

请用金字塔原理、MECE分析法或波特五力模型对你工作中的案例进行分析。

要求： 用MindMaster输出思维导图形式的分析结果。

第 6 章 逻辑推理，推出结论，以简驭繁

逻辑推理是一种基于前提和结论之间关系的思维方式，可以帮助我们从信息中提取出有效的、有意义的结论。逻辑推理对于个人和组织决策、分析和解决问题都有重要的作用。

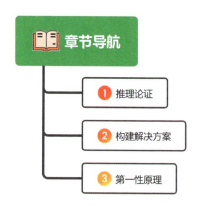

6.1 推理论证

推理论证分为两大类，分别是归纳论证和演绎论证，如图6-1所示。

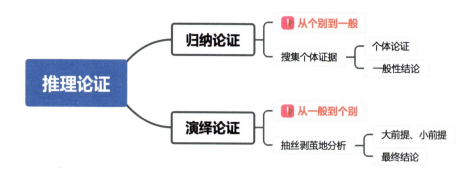

图6-1 推理论证分类

6.1.1 归纳论证

归纳论证是一种从个别到一般的论证方法。使用这种方法需要搜集大量个体证据，通过个体论证推导出可信的一般性结论，如果能够把特定范围内所有的个体证据都搜集到，那么推导出的一般性结论就是确定的，个体证据越多，涵盖的情况就越全面，一般性结论的代表性和合理性就越强。

6.1.2 演绎论证

演绎论证是一种从一般到个别的论证方法。这种方法从我们已知为真的命题（大前提）出发，通过逐步分析（小前提）推导出最终结论，可以帮助我们了解命题背后隐含的意义。

例如，已知大前提"合作是团队致胜关键"，结合分析小前提"足球队是团队"，可以推导出最终结论"足球队致胜关键是团队合作"，如图6-2所示。

图6-2　演绎论证

6.2 • 构建解决方案

你是否曾经面对工作中的一些问题，想要解决，于是在纸上写下了大量想法，但写完却发现问题变得更复杂了？这时候深度思考的能力就显得尤为重要。深度思考是通过对问题的本质进行思考，处理信息量过多的情况，从而找到解决问题的最佳方式。举个例子，你想每天抽时间学习，但一直做不到，你可能会列出很多原因，如缺乏动力、不知道学什么、没时间等。然而，如果想逐一解决这些问题，会觉得无从下手。这时，对这些问题进行深度思考，将所有问题压缩成重点问题，就能更好地解决问题。因此，掌握深度思考的能力，可以帮助我们更好地处理信息，找到问题的本质，并最终解决问题。

6.2.1 从海量信息中找出规律

在这个信息泛滥的时代，我们经常被海量信息包围。从工作项目、社交媒体、学术研究到生活琐事，我们总是处于纷繁复杂的信息网络中。要想在海量信息中找出规律和内在联系，我们需要善于整理、分析和挖掘信息，从而掌握真正有价值的信息。在这个过程中，有效的思考方式和工具至关重要，它们可以帮助我们在无垠的信息海洋中找到那些闪烁着智慧之光的"珍珠"。

接下来我们探讨一种在深度思考中非常重要的思考方式：化繁为简。归纳法是一种通过观察事物间的共同规律，将事物按照这些规律来分类并进行归纳的方法。简而言之，归纳法可以帮助我们将大量信息归类成更为简洁、易于理解的形式。

归纳法的一个经典的应用案例是将一堆不同形状的乐高积木分类放置到不同的箱子里。我们可以通过观察这堆乐高积木的形状、颜色、尺寸等特征，找到某种规律，按照这种规律将乐高积木分类，从而决定需要多少个箱子。例如，我们可以按照颜色将乐高积木分为红色、蓝色和黄色，然后将它们分别放入三个箱子中。这样，我们就可以用较少的箱子来装下所有的乐高积木。这就是归纳法的基本原理。

经济学家通过观察市场中的现象，进行大量信息收集、整理和分析，并使用统计方法来发现规律。他们会通过抽样调查、实验研究等多种方式，从不同的角度来观察市场，并根据观察结果来寻找相关规律，从而归纳出供需理论。同时，他们还会对供需理论进行不断修正和改进，以适应不断变化的市场环境。总之，经济学家在归纳出供需理论的过程中，需要运用深度思考和创新的能力，通过对海量信息的收集、整理和分析，找到其中的规律和内在联系。

6.2.2 常见的归纳法

这里给大家分享四种常见的归纳法，如图6-3所示。

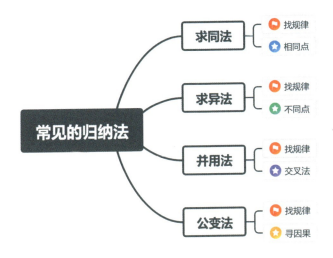

图6-3 常见的归纳法

1. 求同法

求同法是最常见的归纳法之一，其基本思路是在被观察对象出现的场合中，寻找相同点以推导出规律。

2. 求异法

求异法是一种寻找事物间不同点的方法。在被观察对象出现和不出现的场合中，通过比较出现的不同情况，找到事物间的规律。求异法可以帮助我们在混乱的信息中找到事物间的差异，从而更深入地理解事物的本质。

3. 并用法

并用法指的是同时使用求同法和求异法，在被观察对象出现和不出现的场合中寻找规律。简单来说，就是同时找出相同点和不同点。

4. 公变法

公变法也称为因果法，指的是在被观察对象发生变化的场合中，发现某些因素或变量与被观察对象的变化的相关性或因果关系。通过寻找因果关系，我们可以归纳出规律并进行推理。公变法常被用于科学研究和社会科学分析等领域。

MindMaster攻略： 用MindMaster结合归纳法帮助你做出选择。

假设你正在考虑购买一台笔记本电脑，但是市面上有太多的产品可以选择，你无从下手。你可以运用归纳法来帮助自己做出选择。

首先，你可以了解市面上已有的笔记本电脑，观察它们的品牌、型号、价格、功能等。

然后，你可以总结这些笔记本电脑的相同点和不同点，如它们的处理器、内存、硬盘容量、电池续航能力等。

接下来，你可以通过归纳法得出结论，如图6-4所示。例如，高端本通常配备更先进的处理器、更大的内存和硬盘容量，电池续航时间也更长。而超薄本则更轻便、更易于携带。你可以基于这些结论来确定你需要购买的笔记本电脑的类型。

最后，你可以验证你的结论是否正确。例如，你可以通过线上购物平台或前往线下门店，查看这些笔记本电脑的详细信息和用户评价，以确保你的结论是准确的。

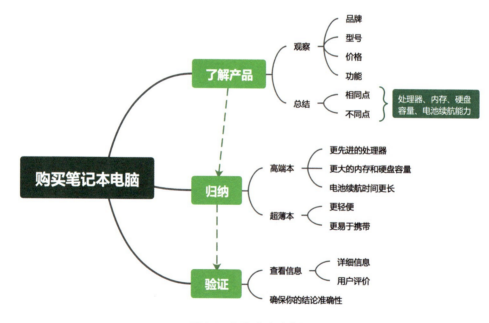

图6-4　归纳法应用案例

6.3 第一性原理

第一性原理这个概念有多种阐述，亚里士多德、笛卡尔等人都提出过，量子力学中也有相关术语。此外，经济商业管理等其他领域中也有相关术语。SpaceX公司创始人埃隆·里夫·马斯克（Elon Reeve Musk）将其描述为从物理学的角度看待世界，利用基本原则进行物理推理，再一层层往上走。简单地说，就是我们当前所处的世界是客观的，按照一定规则运行着，而这些规则是不能被违反的，因为它们是构建客观世界的基点。

6.3.1 演绎思维

在思维领域，第一性原理与演绎思维紧密相连。第一性原理是一个无法质疑且无法反驳的基点，它为演绎思维提供了坚实的基础。演绎思维是一种逻辑推理的思考方式，它从第一性原理出发，通过对已知事实或原则进行推理，得出结论。举例来说，船长在航行过程中遇到了冰山，在这种情况下，第一性原理是浮力原理，即物体所受的浮力等于物体处于稳定状态下所排开液体的重力。运用演绎思维，船长可以根据浮力原理推断出水面下有更大的冰山，需要小心绕过。这样的思考方式能帮助船长避开潜在的危险，确保航行安全。在解决问题或探索未知领域时，结合第一性原理和演绎思维，我们可以更好地分析和挖掘信息，为学习、工作和生活带来更多智慧与创新。演绎思维如图6-5所示。

如果你仔细观察自己平时的思考方式，可能会得出这样的结论：我们的思维活动中包含着两种不同的思考模式——归纳思维与演绎思维。归纳思维倾向于从具体的经历中总结出一般性原理，这是一种经验主义的概括方式；而演绎思维则是从已知的一般性原理出发，对特定情况进行推理与分析。

第一性原理是从最基本的事实或原理出发，一步步推导出解决方案的思维方式。如果采用追本溯源的方法从问题本身入手，可以通过细分的路径发现一种解决方案；而运用第一性原理的思维方式，则能够不断地从基础重新思考，从而找到多种解决方案。这解释了为什么使用归纳法或追本溯源的思维方式往往只能在现有方案的基础上进行改进和优化，而运用第一性原理却有可能带来革命性的创新和创造。

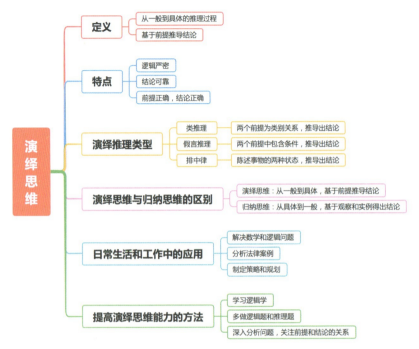

图6-5 演绎思维

埃隆·里夫·马斯克所倡导的第一性原理思维，是一种从基本事实出发，通过逻辑推理和思考，得出全新结论的思维方式。相较于基于经验和传统模式的思维方式，第一性原理思维能够更深入地探究问题的本质，并且可以提出更具创新性的解决方案。埃隆·里夫·马斯克的很多成就都基于对传统行业的重新思考和颠覆，如将电动汽车普及化、发射可重复使用的火箭等。这些创新的想法都源于他的第一性原理思维。

埃隆·里夫·马斯克用第一性原理思维解决了很多看似不可能的问题。

2002年，埃隆·里夫·马斯克创办了SpaceX公司，当时火箭的造价过于昂贵且不能重复使用，他运用第一性原理的思维从物理定律开始计算火箭的成本，并改进了制造运营的环节，创新性地提出了可回收、可重复使用的火箭制造方案，并应用到实际生产制造中。这一方案大大降低了航天成本，并提高了航天效率和安全性，为现代科技的发展带来了新的思路。

埃隆·里夫·马斯克在研发特斯拉汽车的过程中，采用了第一性原理思维来解决市场上电动汽车价格昂贵、低能效的问题。他通过剖析电动汽车成本的组成，发现电池的成本是其中的瓶颈，于是他从基础材料开始计算电池的成本，并采用新的制造方法和工艺，自主研发出高性能、低成本的电池组，从而成功地研发了特斯拉汽车。

埃隆·里夫·马斯克一直强调运用第一性原理来思考问题。这种思考方法强调将问题分解为最基本的要素，回到问题的本质，然后通过推理计算找到解决方案。埃隆·里夫·马斯克的第一性原理思维给我们带来了很多启示，可以帮助我们跳出固有的框架和局限，重新审视问题和挑战，寻找更有效的创新解决方案。

埃隆·里夫·马斯克能够在不同领域取得成就，主要有以下三个原因：第一，他有极强的好奇心和学习能力，从小就对科学和技术感兴趣，阅读各种书籍，掌握各种知识；第二，他有坚定的信念和勇气，不畏惧失败和挑战，敢于追求自己的梦想；第三，他有优秀的团队和合作伙伴，能够吸引并留住一批顶尖的工程师、设计师、管理者等人才，共同创造奇迹。

第一性原理和演绎思维的关系

第一性原理是指某些普世的基本原理或由此推导出的结论，它们不是依赖于经验或权威的，而是可以通过推理证明的，如牛顿运动定律、欧几里得定理、佩亚诺公理等都是第一性原理。

演绎思维是从一般到个体，从已知到未知的推理方式，它遵循严格的逻辑规则，保证了结论的正确性和必然性。例如，如果已知所有人都会死亡（前提），那么可以推出苏格拉底也会死亡（结论）。演绎思维在科学、数学、法律等领域中有着广泛的应用。

第一性原理思维是一种特殊的演绎思维，它不仅要求从已知到未知，而且要求从最基本、最简单、最普遍的已知出发。这样做有两个好处：一是可以避免受到传统观念、惯例、权威等因素的影响和束缚；二是可以创造出新颖独特、符合实际情况的解决方案。第一性原理思维要求我们具备强大的逻辑能力、创造力和批判精神。

第一性原理思维与归纳思维相对应。归纳思维是从个体到一般，从未知到已知的推理方式，它依赖于观察和实验，找出事物之间的规律和关系。归纳思维在自然科学、社会科学等领域有着重要作用。

归纳思维与第一性原理思维相辅相成。归纳思维可以帮助我们发现新现象、新规律、新假设；而第一性原理思维可以帮助我们验证假设、解释现象、构建模型。两者缺一不可，在认识世界和解决问题中都发挥着重要作用，如图6-6所示。

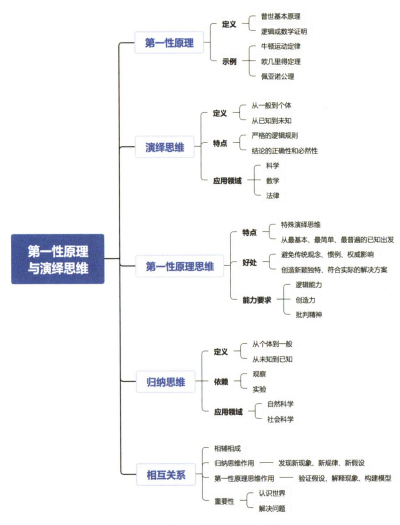

图6-6　第一性原理与演绎思维

6.3.2 归纳思维

虽然归纳思维和第一性原理思维是两种不同的思考方式，但它们可以相互补充。归纳思维可以为第一性原理思维提供一些初始的信息和经验，帮助我们更快地找到问题的本质。我们日常的思考活动一般可以分为归纳和演绎两种，归纳就是从大量信息中概括出一个规律，比如观察到太阳每天都从东边升起，就得出结论"太阳是从东边升起的"。演绎就是用已知的信息推导出未知的信息，比如根据一个大前提和一个小前提，得出一个结论。

归纳思维依赖于样本的数量和质量，如果样本数量不足或不具有代表性，就可能得到错误的结论。例如，你想推广一个新产品，你只问了三个朋友的意见，他们都说对这个新产品很感兴趣，于是你认为市场也会接受这个新产品，但实际上，这三个朋友并不能代表整个市场的需求和喜好。

演绎思维同样存在局限性，因为它依赖于大前提的正确性。如果大前提是错误的，那么推导出来的结论也会是错误的。例如，你认为电话推销次数越多销售业绩就越好，于是你采取增加电话推销次数的方案来提升销售业绩，但实际上，增加电话推销次数并不一定能提高销售业绩，还要考虑其他因素，如客户需求、沟通技巧、竞争对手等。

因此，在思考问题时，我们不能单纯地依赖归纳思维或演绎思维，而要结合第一性原理来对事物进行判断。以第一性原理为基点进行推理和判断，可以避免受到经验主义或常识主义的影响，并找到更深层次和更接近问题本质的答案。

MindMaster攻略： 用第一性原理制定公司的营销策略，如图6-7所示。

首先，我们需要识别问题并明确目标。我们要制定公司的营销策略，以提高品牌知名度、促进销售和扩大市场份额。

然后，我们需要识别相关的基本事实和自明真理，如消费者购买因素包括产品的特点、价格、服务等，营销策略需要考虑消费者的需求和偏好，竞争对手的行为也会影响市场份额。

接着，我们需要对这些基本事实和自明真理进行分析，并从中推导出结论。例如，我们可以推导出，为了提高品牌知名度、促进销售、扩大市场份额，我们需要设计出有吸引力的广告、提供良好的售后服务、利用社交媒体等渠道与消费者进行互动。

接下来，我们需要对可能的解决方案进行分析，并从中选择最佳方案。例如，我们可以选择结合线上和线下营销方式，制定差异化的营销策略，与消费者进行互动。

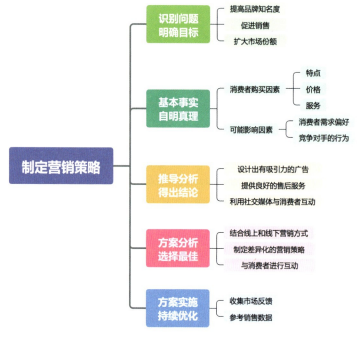

图6-7 制定营销策略

最后,我们需要实施所选方案并不断优化。例如,我们可以收集市场反馈、参考销售数据,对营销策略进行调整和优化,提高营销效果和效益。

章节练习

假设你是一位经理,在组织团队开展新项目时,发现团队成员之间存在沟通障碍和合作问题,导致项目进展缓慢。你决定采取什么措施来解决这个问题?

提示: 在解决问题的过程中,需要从根本上分析产生沟通障碍和合作问题的原因,并采取具体的措施来解决这些问题。可以利用人际关系、沟通技巧、领导力等方面的第一性原理来分析问题和解决问题。同时,需要考虑到团队成员的个性特点、能力水平、工作经验等因素,以制订有针对性的解决方案。

要求: 使用第一性原理和演绎归纳思维完成方案设计,用MindMaster输出方案思维导图。

第三篇

思维管理，自我洞察

思维的本质是工具。哲学、心理学、意识学等学科，都间接涉及思维的本质问题。思维是脑的机能，是接受、存储和运用信息的过程。

思维管理是对自身思维过程进行有益的控制和调整，旨在提升思考和解决问题的能力。自我洞察则涉及对个人内心世界的深入理解，包括感知、思维、意向等方面的洞察。通过有效地管理思维，我们能更好地应对日常生活及职场中的挑战，提高解决问题的能力，并推动个人成长。通过自我洞察，我们可以更深入地了解自己的内心世界，挖掘潜在需求和动机，从而为实现目标制订切实可行的计划。在本篇中，我们将探讨如何在职场中运用思维工具，实现自我调节和提升，以追求更高的职业成就和个人发展。

第 7 章 时间管理

时间管理是一种通过规划和组织时间以实现目标的技能和策略。它可以帮助我们学会如何最大限度地利用时间来完成任务和实现目标。时间管理也可以帮助我们减轻压力、提高效率和生产力，以及增强自我控制力和自我管理能力。

缺乏时间管理能力有以下几方面表现。

1. 对时间的认知不清晰

许多人对时间的认识较为模糊，未能充分理解时间的价值和有限性，没有意识到时间是宝贵的资源。每个人每天仅有24小时，如果不能合理利用时间，就可能导致时间浪费，从而影响个人的工作和生活质量。对时间拥有清晰的认知，有助于我们更为有效地规划和安排时间。例如，一些人可能沉迷于追剧或玩游戏，不知不觉熬至深夜，导致次日起床困难，进而影响正常的工作和生活。对于这些人来说，他们需要认识到时间的价值和有限性，调整生活习惯，合理利用时间。

2. 没有目标和计划

一些人由于缺乏明确的目标和计划，未能对长期和短期的目标进行合理安排，从而无法将时间投入最有价值的任务上。这些人往往被琐碎任务所困扰，花费大量时间在次要任务上，却忽视了真正重要的任务。拥有明确的目标和计划对于合理利用时间、提高工作效率至关重要。

3. 没有优先级和选择意识

许多人在面对诸多任务时，缺乏优先级和选择意识，无法确定哪些任务最重要，需要先完成哪些任务。这可能导致他们将时间投入不紧急且不重要的任务上，从而无法完成更为重要的任务。明确优先级对于更好地安排时间具有关键作用。当一个人面临诸多任务时，应先判断哪些任务最紧急和重要，然后为这些任务分配更多的时间和精力。在工作和生活中，需要根据任务的紧急程度和重要性来确定优先级和选择策略，从而更为高效地安排时间和精力。

4. 难以集中注意力

一些人在工作和学习中难以集中注意力，无法专注地投入工作和学习中。他们容易受到周围环境的干扰，导致工作和学习效率受到影响。保持专注有助于我们更有效地利用时间，提高工作和学习效率。为了保持专注，我们需要尽可能减少周围环境的干扰，并学会集中注意力。这样，我们才能更好地利用时间，提高工作、学习效率和生活质量。

5. 缺乏自我控制能力

时间管理需要具备充分的自我控制能力，包括自我约束、自我激励和自我纠正。缺乏自我控制能力的人容易养成拖延和浪费时间等不良习惯，从而影响时间管理效果。例如，一些人每天花费大量时间浏览社交平台，忽略了工作和学习任务。在这种情况下，提升自我控制能力显得尤为重要。

6. 对时间管理的认识不足

一些人可能未意识到时间管理的重要性，也未对自己的时间进行有效规划和管理，从而导致时间浪费或错失关键时机。要改变这种状况，需要了解时间管理的概念、原则和技巧，增强对时间管理的认知，进而提高自己的时间管理能力。例如，部分学生可能不重视时间管理，缺乏明确的学习计划和安排，导致学习效率低下，成绩不佳。在这种情况下，学生需要了解时间管理的相关知识，以提高时间管理能力，制订合理的学习计划，从而提升学习效果。

7. 缺乏执行力和毅力

即使拥有完美的时间管理计划，如果缺乏执行力和毅力，没有实现计划的动力，也无法有效地管理时间。在这种情况下，可以尝试使用以下方法来增强执行力和毅力。

（1）设置具体的目标和计划，并将它们记录在日程表或待办事项清单中，以便更容易地记录和跟踪。

（2）确定重要的时间段，如早晨或工作日的某个时段，将其用于执行计划。

（3）使用时间统计应用来记录时间，从而更好地了解自己对时间的安排和利用情况，并加以控制。

（4）与他人分享目标和计划，并邀请他们监督完成情况。

缺乏时间管理能力的表现如图7-1所示。

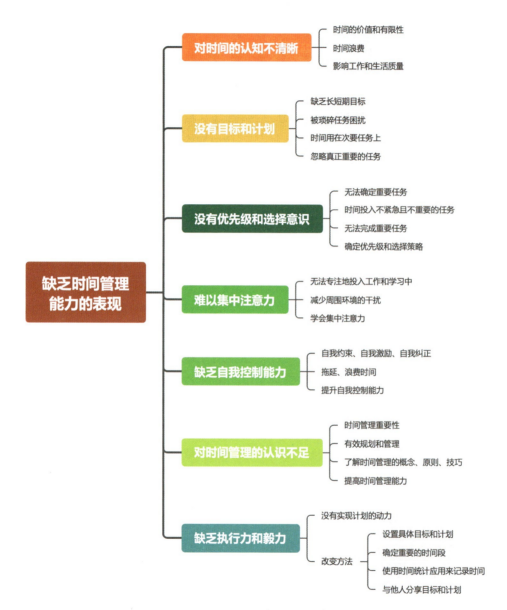

图7-1 缺乏时间管理能力的表现

7.1 时间统计

时间统计是一种有效的时间管理方法，可以帮助我们了解自己的时间使用情况，发现浪费时间的地方并进行调整，从而提高工作效率和生活质量。

我们可以使用时间统计应用记录时间，时间统计应用的功能如图7-2所示。

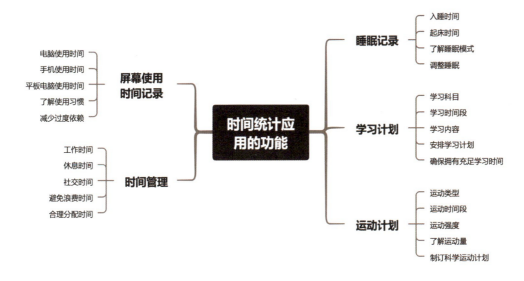

图7-2 时间统计应用的功能

1. 睡眠记录

使用时间统计应用记录自己的睡眠时间，包括每天的入睡时间和起床时间。可以帮助我们更好地了解自己的睡眠模式，并根据需要进行调整。

2. 学习计划

使用时间统计应用记录自己的学习时间，包括学习科目、学习时间段和学习内容，可以帮助我们更好地安排自己的学习计划，并确保自己拥有充足的学习时间。

3. 运动计划

使用时间统计应用记录自己的运动时间，包括运动类型、运动时间段和运动强度，可以帮助我们更好地了解自己的运动量，以及制订更科学的运动计划。

4. 时间管理

使用时间统计应用记录自己的时间分配情况，包括工作时间、休息时间、社交时间等，可以帮助我们更好地管理自己的时间，从而避免浪费时间和合理分配时间。

5. 屏幕使用时间记录

使用时间统计应用记录自己的屏幕使用时间，包括电脑、手机、平板电脑等设备的使用时间，可以帮助我们更好地了解自己对电子设备的使用习惯，并减少对电子设备的过度依赖。

时间统计包括以下四个方面。

1. 选择合适的工具

我们可以根据自己的需求和喜好，选择一个操作简单、功能强大、数据可视化的工具，来记录和分析自己的时间使用情况，如时间块、RescueTime等。这些工具可以根据不同的活动或项目进行分类和添加标签，生成图表和报告，让我们一目了然地看到自己的时间使用情况。

2. 定期查看和总结时间统计结果

单纯地记录自己的时间使用情况是不够的，我们还需要对数据进行分析和评估。我们可以每周或每月查看自己的时间统计结果，看看自己在哪些方面表现得好，在哪些方面需要改进，找出自己的优势和弱点，制订改进方案。

例如，我们可以每周进行一次总结，看看自己是否按照计划完成了任务，是否有拖延现象，是否有优先级不清晰问题，是否合理地平衡了工作和生活等，并针对这些问题制订相应的改进方案。

3. 制订目标和计划

时间统计不仅可以帮助我们回顾过去，也可以帮助我们规划未来。根据长期目标和短期目标，我们可以制订合理的时间分配计划，并用时间统计应用来监督自己的执行情况。这样可以提高我们的主动性和责任感，避免被外界因素干扰。

4. 适当调整和优化计划

时间分配计划不是一成不变的，而是需要根据实际情况进行调整和优化的。如果我们发现某些活动或项目占用了过多或过少的时间，或者在某些时段效率低下或高效，则需要调整和优化自己的时间分配计划。

时间统计的四个方面如图7-3所示。

根据时间统计结果，我们可以调整自己的工作方式和生活方式。例如，我们可以设定一些奖励或惩罚机制来激励自己按时完成任务，可以利用番茄工作法来提高专注力。同时，也要注意保持一定的灵活性和变通性，并不是所有任务都能按照预设的时间来执行的。

第 7 章　时间管理

MindMaster攻略： 使用MindMaster制作个人时间统计思维导图，如图7-4所示。

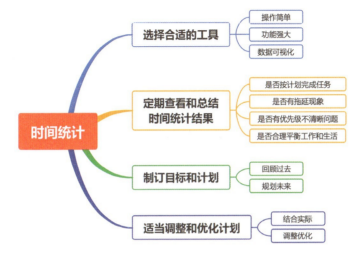

图7-3　时间统计的四个方面

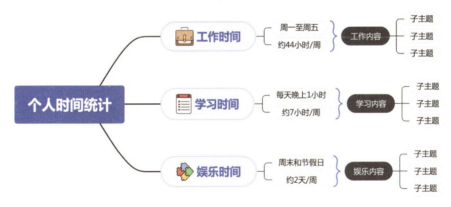

图7-4　个人时间统计思维导图

7.2 时间分配

时间是我们最珍贵的资源，然而也是最容易被忽略的。合理分配时间是每个人都需要掌握的重要技能。通过合理地分配时间，我们可以提高工作效率、减轻压力、实现目标，并享受美好的生活，如图7-5所示。

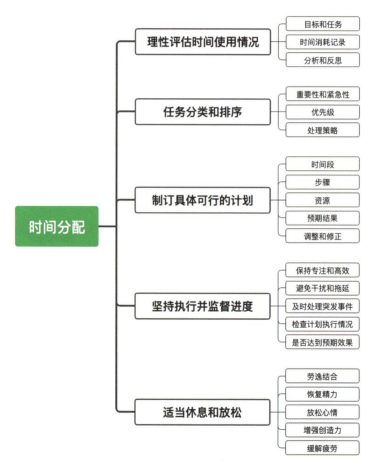

图7-5 时间分配

以下是一些合理分配时间的方法和建议。

1. 理性评估时间使用情况

要合理分配时间，就要知道自己有哪些目标和任务，以及自己在各个任务上花费了多少时间。可以通过日志或工具来记录自己的时间消耗，并进行分析和反思。

2. 任务分类和排序

不同的任务有不同的优先级，应该根据重要性和紧急性对任务进行排序。一般来说，重要且紧急的任务应该优先处理，重要不紧急的任务应该计划好时间去完成，紧急不重要的任务应该尽量避免，不重要不紧急的任务应该尽量拒绝。

3. 制订具体可行的计划

有了清晰的目标和任务后，就需要制订具体可行的计划来执行。计划应该包含明确的时间段、步骤、资源、预期结果等要素，并且应该根据实际情况进行调整和修正。

4. 坚持执行并监督进度

制订了计划后，就需要坚持执行并监督进度。在执行过程中，要注意保持专注和高效，避免干扰和拖延，并且及时处理突发事件。同时，也要定期检查自己的任务是否按照计划执行，是否达到了预期效果。

5. 适当休息和放松

合理分配时间并不意味着把所有的时间都用于工作或学习，而是要在工作和休息间找到平衡点，做到劳逸结合。适当地休息和放松可以帮助我们恢复精力、放松心情、增强创造力、缓解疲劳。

合理地分配时间可以帮助我们更好地管理自己的工作和生活，成为时间的主人。

7.2.1 四象限法则

四象限法则是时间管理理论中的一个重要方法。根据该法则，任务可按处理顺序划分为重要且紧急、重要不紧急、紧急不重要、不重要不紧急，如图7-6所示。四象限法则可以帮助我们合理地安排时间，提高工作效率和质量，从而实现目标和价值。

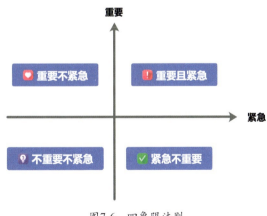

图7-6 四象限法则

第一象限：重要且紧急的任务。这些任务需要我们立即行动，否则会产生严重后果。我们应该尽快完成这些任务，并尽量降低它们的出现频率。

第二象限：重要不紧急的任务。这些任务是我们取得长期成功的基础，但往往被忽视或拖延。我们应该主动安排时间去完成这些任务。

第三象限：不重要不紧急的任务。这些任务没有太大价值，但会浪费我们宝贵的时间和精力。我们应该尽量减少或消除这些任务。

第四象限：紧急不重要的任务。这些任务虽然看起来很急迫，但实际上对我们的目标没有太大影响。我们应该尽量避免或委托他人去完成这些任务，并控制它们占用的时间。

下面看一个案例。

小明是一名大学生，他每天都有很多课程和作业要完成，但他总是觉得时间不够用。他利用四象限法则分析了自己一天24小时的时间分配，具体如下。

第一象限：上课（4小时）、写作业（2小时）、参加社团活动（1小时）。

第二象限：阅读专业书籍（0.5小时）、锻炼身体（0.5小时）、与家人朋友聊天（0.5小时）、睡觉（6小时）。

第三象限：玩游戏（4小时）、刷短视频（3小时）。

第四象限：接听电话（1小时）、查看邮件（0.5小时）、帮同学解决问题（1小时）。

小明发现自己花了太多时间在第三象限和第四象限的不重要的任务上，而忽略了第二象限中更重要的任务。他决定调整自己的时间分配，具体如下。

第一象限：保持不变。

第二象限：阅读专业书籍（3小时）、锻炼身体（1.5小时）、与家人朋友聊天（1.5小时）、睡觉（7小时）。

第三象限：玩游戏（2小时）、刷短视频（1.5小时）。

第四象限：接听电话（0.2小时）、查看邮件（0.1小时）、帮同学解决问题（0.2小时）。

小明按照新的时间分配执行了一个月后，发现自己的成绩提高了，专业知识增多了，身体素质改善了，人际关系也更融洽了。他感到非常满足和开心。

7.2.2 二八时间管理法

二八时间管理法是一种基于二八定律的时间管理理论，该理论认为在任何一组事情中，重要的只占20%，而剩下的80%则是次要的。因此，我们应该在20%的重要事情上投入80%的时间和精力，而不是将资源平均分配在每件事情上。这样可以提高效率和质量，减少时间浪费。

二八时间管理法有很多实际应用案例，如图7-7所示。

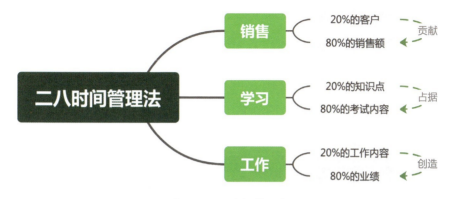

图7-7　二八时间管理法

在销售中，通常有20%的客户贡献了80%的销售额，所以销售人员应该重点关注这些客户，为他们提供优质的服务和产品，维护良好的关系，同时也要寻找新的客户。

在学习中，通常有20%的知识点占据了80%的考试内容，所以学生应该重点掌握这些知识点，多复习巩固，并且结合实际进行应用和拓展。

在工作中，通常有20%的工作内容创造了80%的业绩，所以员工应该重点关注这些工作内容，并将更多的资源分配给这些工作内容。

当然，二八时间管理法并不是一种绝对准确和适用于所有情况的理论，它只能提供一定指导和参考，并不意味着我们可以忽略那些属于80%的事情。我们需要根据自己的实际情况和目标来灵活运用二八时间管理法，并结合其他时间管理工具和方法提升自己的时间管理能力。

7.3 · 碎片化时间管理

碎片化时间指日常生活和工作中因各种原因产生的不连续、不固定、不可预测的零散、短暂的时间，如等车时间、坐车时间、排队时间等。这些时间虽然不足以让我们完成完整任务，但同样不应被浪费或忽视。

在快节奏的现代社会中，面对越来越多的碎片化时间，我们应该思考如何有效利用这些时间，提高工作效率和能力。这是一个值得探讨的话题。

根据不同的目标和场景，碎片化时间管理

可以分为以下几个方面。

1. 任务时间碎片化

指将一个大型或复杂的任务拆分成若干个小型或简单的子任务，然后利用碎片化时间分别完成。这样可以避免在面对庞大任务时产生畏难情绪，同时可以有效利用碎片化时间，提高工作质量和效率。

2. 培训时间碎片化

指将传统的集中培训转换为微课程、视频、音频等形式的在线学习，让员工利用碎片化时间进行自主学习。这种方法既能节省大量人力和财力，又能根据员工的个性和需求定制学习内容和进度。

3. 建言时间碎片化

指鼓励员工利用碎片化时间就企业存在的问题提出建议，企业及时收集、整理、分析这些建议，并给予回应或奖励。这样可以增强员工对企业发展方向和战略目标的认同感和参与感，同时激发员工的创新思维和积极性。

MindMaster攻略：使用MindMaster制作碎片化时间管理思维导图，如图7-8所示。

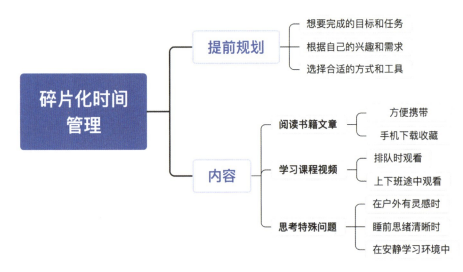

图7-8　碎片化时间管理思维导图

我们可以从以下三个方面做好碎片化时间管理。

1. 规划碎片化时间中的目标和任务

尽管碎片化时间比较短暂，我们仍然可以

在这些时间内完成一些有价值的事情，如阅读、学习和思考。为了充分利用这些时间，我们需要提前规划好目标和任务，以下是一些建议。

（1）制订阅读计划。

挑选适合碎片化阅读的书籍或文章，并将它们随身携带或下载到手机上。这样，我们可以利用碎片化时间阅读。

（2）制订学习计划。

选择适合碎片化学习的课程或视频，并利用排队、上下班途中等碎片化时间观看。

（3）制订思考计划。

选择感兴趣或具有挑战性的问题，在碎片化时间进行思考。

通过这样的规划和实践，我们可以更好地利用碎片化时间，提高自己的知识水平和技能，同时丰富我们的日常生活。

2. 培养利用碎片化时间的习惯和态度

我们需要培养良好的利用碎片化时间的习惯和态度，以下是一些建议。

（1）养成随时随地利用碎片化时间的习惯。

不要因为时间短而放弃利用这些时间。哪怕只有很短的时间，也可能得到意想不到的收获。

（2）保持专注和积极的态度。

在利用碎片化时间时，尽量避免受到外界干扰。保持专注和积极的态度，让这些时间发挥最大价值。

（3）调整任务难易程度和数量。

根据碎片化时间的长度和自己的能力，合理安排任务的难易程度和数量。不要让任务过于繁重，以免产生负担和压力。

（4）及时总结和反馈。

在利用碎片化时间后，及时总结自己在这些时间内所取得的进步和收获。这有助于我们更好地了解自己的优势和不足，以便在未来做出相应调整。

3. 整合碎片化时间与整块时间

整块时间适合完成深入思考、协作沟通等任务，而碎片化时间则适合完成轻量级的任务。

在我们的日常生活中，有许多零碎时间，如等待会议、上下班途中、临睡前等。如果我们把这些时间加起来，会发现它们累积起来相当于一段相当可观的整块时间。

要充分利用这些碎片化时间，我们需要提前规划好目标和任务，并培养充分利用碎片化时间的习惯。这样，我们既能在整块时间中高效地完成重要任务，又能在碎片化时间中提高自己的能力，从而实现工作和生活的平衡。

能否充分利用碎片化时间取决于我们在这些时间里做了什么。很多人会在这些时间里看短视频、刷社交媒体或玩手机游戏。这些活动虽然能带来短暂的快乐，但往往不具备太多的价值。

为了让碎片化时间发挥更大的作用，我们可以尝试改变我们在这些时间里的活动。例如，我们可以选择阅读一篇有趣的文章、学习一项新技能、进行头脑风暴或反思自己的行为。这些活动不仅可以提高我们的知识水平和技能，还能帮助我们更好地认识自己。

要实现这些目标，我们需要改变拖延、分心等不良习惯，并培养自律和自觉意识。

做好碎片化时间管理如图7-9所示。

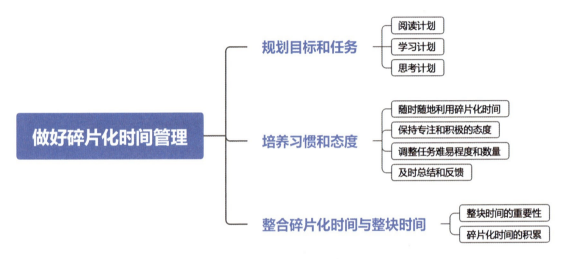

图7-9 做好碎片化时间管理

在介绍实用技巧之前，我希望大家先认识到：你会不自觉地将碎片化时间都用在社交媒体或短视频上，并不是因为你的自制力不强，而是因为这些令人"上瘾"的娱乐产品都是商家精心设计的，吸引用户注意力是所有商业活动的基本逻辑。换句话说，无论商家制作什么样的产品，第一步都是吸引用户的注意力；而吸引用户注意力意味着争夺用户的碎片化时间。例如，抖音上的短视频、自媒体上的文章，它们的设计目标就是尽可能地吸引用户的注意力。

你要做的就是尽量避免落入这些商家的诱惑陷阱，尽可能地利用碎片化时间去学习那些对你有益的东西。那么具体该怎么做呢？下面介绍一些实用技巧。

1.提前规划有规律的碎片化时间

在我们日常的生活中，一些碎片化时间的出现是有规律可循的，我们可以提前对这些时间进行规划。

我给大家列举以下4个比较常见的碎片化时间出现场景，并分享我是怎样利用这些时间的，如图7-10所示。

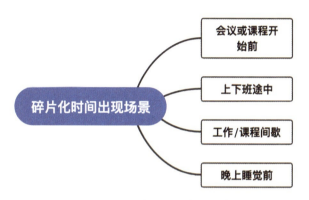

图7-10 碎片化时间出现场景

（1）会议或课程开始前。

在这段时间里，我会先做一些准备。例如，在会议开始前浏览会议内容；在课程开始前预习课程内容。这会让我更快地进入状态。

（2）上下班途中。

在这段时间里，我会打开音频课程学习新知识。

（3）会议/课程间歇。

在会议或课程间歇，我会简单梳理会议或课程内容，从而更高效地吸收新信息。

（4）晚上睡觉前。

晚上睡觉前，我会安静下来，在大脑里回忆一遍今天所做的事情，总结收获或教训。

2.学会同时做两件事

在日常生活中，有些活动对注意力的要求并不高，如跑步、打扫房间等。为了最大程度利用这些时间，我们需要学会同时做两件事。例如，一边跑步一边听外语广播，一边打扫房间一边听音频课程。

3.浅层学习和深层学习

浅层学习和深层学习是两种不同的学习类型，如图7-11所示。

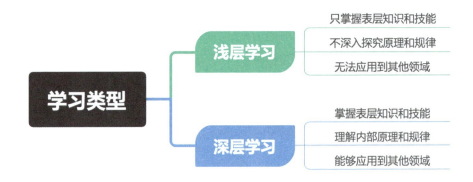

图7-11 学习类型

（1）浅层学习。

通常指的是学习时，只掌握表层的知识和技能，不深入探究原理和规律，无法将这些知识和技能应用到其他领域。例如，一个人只学会了单词的拼写和发音，但对于单词的含义、用法并不了解，这就是一种浅层学习。

（2）深层学习。

通常指的是学习时，不仅掌握了表层的知识和技能，还深入理解了其内部的原理和规律，能够将这些知识和技能应用到其他领域。例如，一个人不仅掌握了单词的拼写和发音，还了解单词的含义、用法，能够熟练地运用这些单词进行阅读、写作和表达。

在进行碎片化时间管理时，需要注意以下几点，如图7-12所示。

（1）碎片化时间不是用来完成大型、复杂的任务的，而是用来完成一些简单、轻松、有趣、有价值的任务的，如阅读新闻、资讯、文章等，或者进行构思、规划、反思等。

（2）对于碎片化时间的利用要有目标和计划，不能随意浪费或消磨。要根据自己的兴趣和需求，高效利用碎片化时间。

（3）对碎片化时间的利用应注意节制和自律，合理分配碎片化时间和整块时间，避免过度沉迷于碎片化时间带来的及时反馈而故意将整块时间拆分成碎片化时间。另外，利用碎片化时间娱乐应注意不影响正常工作和学习。

（4）利用碎片化时间应该有所收获和反馈，而不仅仅是消磨时间。要及时总结和回顾这段时间的成果，检查是否完成了预期的目标和计划，确保有所收获。

（5）在进行碎片化时间管理时，要把握好

尺度。既不应忽视碎片化时间，也不应过分依赖碎片化时间，而是要合理利用碎片化时间来丰富自己的知识和经验，提高效率和能力。

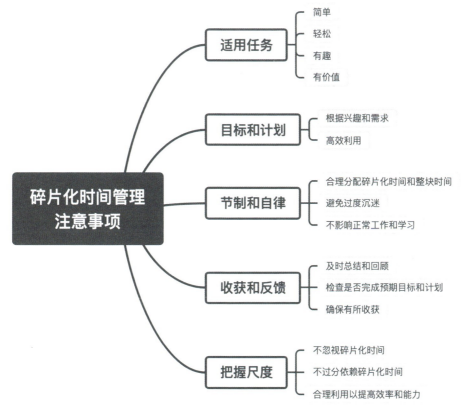

图7-12 碎片化时间管理注意事项

章节练习

一个人每天都有很多任务要完成，但总感觉时间不够用，经常出现工作压力大和时间紧张的情况。请你提供一些实用的时间管理技巧，帮助他更有效地利用时间，提高工作效率。

提示： 可以从以下几个方面入手。

（1）制订明确的工作计划，明确任务优先级，根据任务的重要性和紧急程度安排时间。

（2）利用整块时间来集中处理零散任务，如每天早上安排一段时间用于处理邮件，中午安排一段时间用于处理文件等。

（3）学会拒绝一些不必要的会议和任务，避免浪费时间和精力。

（4）学会将工作分解成小任务，一步步完成。

（5）保持专注，避免分心。

（6）合理安排休息和放松时间，避免疲劳和倦怠。

要求：使用四象限法则或二八时间管理法，用MindMaster制作一张思维导图。

第 8 章 目标管理

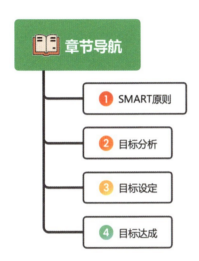

目标管理可以帮助个人和组织在追求自身目标时更加高效和有序。目标管理不仅是一个简单的设定和达成目标的过程，更是一个全面计划、执行和监测的过程。通过目标管理，个人和组织可以更好地规划发展方向，制订可行的目标和行动计划，并不断地追踪进度和调整行动计划。

在目标管理过程中，最重要的是确立一个明确的目标。一个明确的目标需要具备的特点包括可量化、可实现、可衡量、有时限等。只有确立了明确的目标，个人和组织才能在实现目标的路上前行，并不断地调整和优化自己的行动计划。

除了明确的目标，目标管理还需要有效的计划、执行和监测。在制订行动计划时，个人和组织需要将目标分解为更加具体的子目标，并确定具体的实施步骤。在执行计划时，需要注意将计划落实到实际行动中。在监测时，需要对计划的实际完成情况进行追踪和分析，以便及时调整行动计划。

接下来将深入探讨目标管理的各个环节，为大家提供更加具体和实用的目标管理知识和技能。

8.1 SMART 原则

8.1.1 SMART原则的概念

SMART原则常用于指导人们设定目标和达成目标，如图8-1所示。SMART分别对应以下几个关键词。

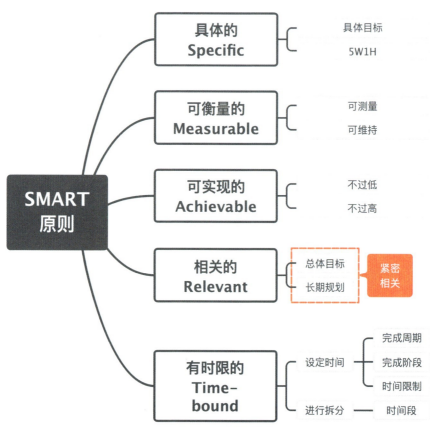

图8-1　SMART原则

具体的（Specific）：目标必须明确、具体，不能太笼统。在设定具体目标时，应该明确阐述你要达成的目标。当然，在设定目标时，你需要回答常见的问题，这些问题包括5W1H（谁、什么、何时、何地、为什么、如何），并考虑成本和潜在的风险。思考你需要完成哪些任务，并列出详细的任务清单，同时确定实现目标的时间。在评估目标是否现实可行时，可以考虑自身的能力和资源。例如，你的目标是开设一家健身房，但你之前没有相关的经验，那么缺乏经验可能成为一项挑战。因此，你可以将目标细化为学习健身行业知识和业务运营方法。

可衡量的（Measurable）：目标必须是可衡量的，可以通过某些可测量、可维持的标准来衡量是否达成了目标。这些标准应该能提供衡量进度的方法。如果目标是一个需要几个月才能完成的项目，那么就需要设定一系列的里程碑，这些里程碑代表实现目标过程中的关键步骤。只要按部就班地完成这些步骤，就能最终实现目标。

可实现的（Achievable）：目标必须是可实现的，需要根据自身的实际情况和条件来设定，不能过于理想化。目标必须基于现有的资源、技能和条件。如果目标超出了你的能力范围或没有足够的资源支持，那么这个目标就不是可实现的。虽然目标应该是可实现的，但这并不意味着它们是轻而易举就能完成的。一个好的目标通常会有一定的挑战，迫使你走出舒适区。为了使目标可实现，你应该有清晰的行动计划来指导自己达成目标。

相关的（Relevant）：目标必须与自己的总体目标或长期规划紧密相关，不应是无关紧要的目标。一个相关的目标可以帮助你专注于对你最重要的事情，确保你的努力方向与总体目标或长期规划一致。在设定目标时考虑其相关性也意味着你需要定期评估目标是否仍然符合你的总体目标或长期规划，并据此做出必要的调整。

有时限的（Time-bound）：目标必须有明确的时间限制，这可以帮助你更好地规划和控制目标完成时间。如果目标没有时间限制，就很难取得成功。一定要设定交付成果的时间，并设定完成周期、完成阶段和相应的时间限制，对时间段进行拆分。如果目标需要三个月才能完成，那么在截止日期前你会更清楚应该完成哪些任务。时间限制也会给你带来紧迫感，促使你更加努力地去完成目标。

8.1.2 运用SMART原则明确工作目标

通过运用SMART原则，你可以将一个模糊不清的想法转化为一个清晰明确的工作目标，并且可以更容易地制订行动计划、监督进展和评估结果。

假设你是一名销售经理，你的目标是提高销售额。这个目标虽然简单，但是太过模糊和宽泛，难以执行。你需要对它进行细化和量化，使之变得具体、可衡量、可实现、相关和有时限。你可以按照以下步骤明确你的工作目标，如图8-2所示。

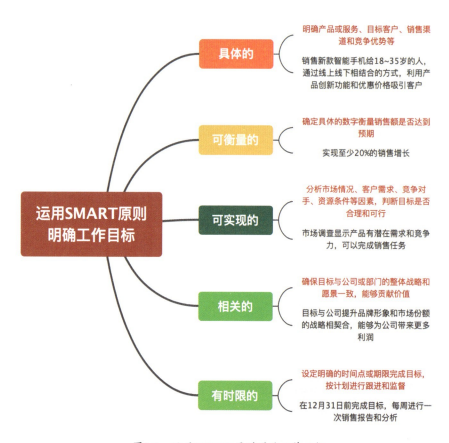

图8-2　运用SMART原则明确工作目标

（1）具体的。

明确你要销售的产品或服务是什么，目标客户是谁，销售渠道是什么，竞争优势是什么，等等。例如，你要销售新款智能手机给18~35岁的人，通过线上线下相结合的方式，利用产品的创新功能和优惠价格来吸引客户。

（2）可衡量的。

确定一个具体的数字来衡量你的销售额是否达到了预期。例如，你要实现至少20%的销售增长。

（3）可实现的。

分析市场情况、客户需求、竞争对手、资源条件等因素，判断你的目标是否合理和可行。例如，你通过市场调查，发现你要销售的新款智能手机有很大的潜在需求和竞争力，在合理安排预算和人力资源的情况下，可以完成销售任务。

（4）相关的。

确保你的目标与公司或部门的整体战略和愿景一致，并且能够贡献价值。例如，你的目标与公司提升品牌形象和市场份额的战略相契合，并且能够为公司带来更多利润。

（5）有时限的。

设定一个明确的时间点或期限来完成你的目标，并且按照计划进行跟进和监督。例如，你要在12月31日前完成目标，并且每周进行一次销售报告和分析。

8.2 目标分析

目标分析旨在帮助组织或个人明确、量化和实现自己的目标，如图8-3所示。目标分析的主要步骤包括明确目标来源和背景、评估目标可行性、确定目标优先级、预测目标影响。

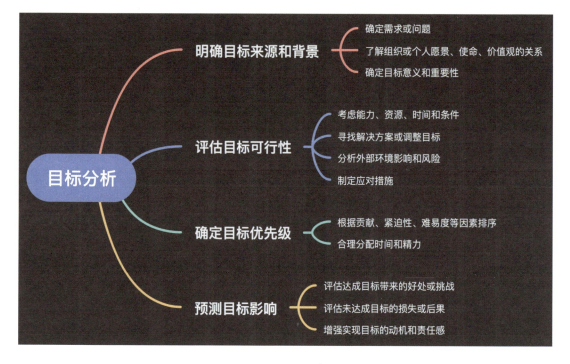

图8-3 目标分析

首先，我们要明确目标的来源和背景。我们要知道为什么设定这个目标，它是由哪些需求或问题引发的，它和组织或个人的愿景、使命、价值观有什么关系。这可以帮助我们确定目标的意义和重要性。

其次，我们要评估目标的可行性。我们要考虑自己或团队是否有足够的能力、资源、时间和条件来实现这个目标。如果没有，我们需要寻找解决方案或调整目标。同时，我们还要分析外部环境影响和风险，并制定应对措施。

再次，我们要确定目标的优先级。在工作中，我们可能会面对多个目标。我们需要根据每个目标对组织或个人的贡献、紧迫性、难易度等因素进行排序，并合理分配时间和精力。

最后，我们要预测目标的影响。我们要评估如果达成了这个目标，会给自己或团队带来什么好处或挑战；如果没有达成这个目标，会有什么损失或后果。这可以帮助我们增强实现目标的动机和责任感。

目标分析是目标管理中的一个关键过程，可以帮助我们明确项目或任务的期望结果和成功标准，合理分配项目或任务的时间、人力、物力和财力资源，有效监控项目或任务的进展和质量，及时发现并解决项目或任务中可能出现的问题和风险。

具体来说，目标分析具有以下几方面作用。

（1）确定项目或任务的期望结果和成功标准。

在目标分析阶段，项目管理团队将明确定义项目或任务的目标，包括期望结果、成功标准和关键绩效指标。这些目标将作为评估项目或任务进展的依据。

（2）分配项目或任务的时间、人力、物力和财力资源。

在目标分析阶段，项目管理团队还将评估项目或任务所需的资源，并根据资源可用性和项目的优先级，制订合理的资源分配计划。

（3）监控项目或任务的进展和质量。

目标分析还可以帮助项目管理团队监控项目或任务的进展和质量，从而及时调整和纠正。

（4）及时发现并解决项目或任务中可能出现的问题和风险。

目标分析还可以帮助项目管理团队识别项目或任务中可能出现的问题和风险，并采取适当的措施来应对它们。

8.3 目标设定

目标设定能够帮助我们明确自己的职责和期望，激发积极性和创造力，促进与领导和团队的沟通和协作。

目标设定包括以下几个步骤，如图8-4所示。

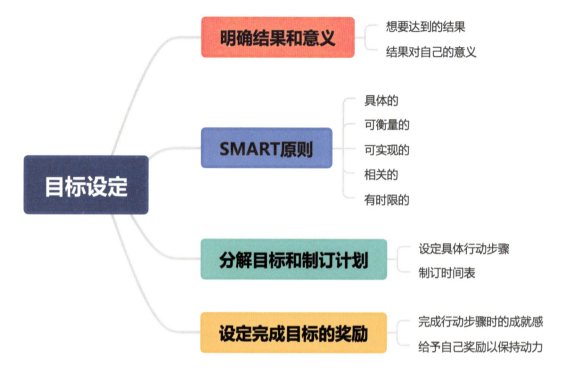

图8-4　目标设定

　　明确自己想要达到的结果,以及这个结果对自己有什么意义。利用SMART原则制订具体的、可衡量的、可实现的、相关的和有时限的目标。将目标分解为具体的行动步骤,并制订计划和时间表。设定完成目标的奖励,激励自己继续前进。

　　例如,一个人想要提高英语水平,他可以设定以下目标:

　　我想提高英语水平,以增加就业机会和提升国际交流能力。我的目标是在六个月内通过雅思考试,获得6.5分以上的成绩。为了实现这个目标,我将把它分解为以下行动步骤。

　　(1)每天阅读一篇英语文章,并做笔记。

　　(2)每周参加两次在线英语口语课程,并评价自己的发音准确度和表达流利度。

　　(3)每月做一次雅思模拟考试试卷,并分析自己的优势和弱点。

（4）在考试前两周复习所有学过的内容，并进行模拟考试。

我将按照计划执行这些行动步骤，并每周检查一次进展情况。如果遇到困难或挫折，我将寻求帮助或调整我的方法。完成每个行动步骤后，我会奖励自己，如看一部英语电影或买一本英语书籍。当我通过雅思考试且达到目标分数后，我会给自己一个更大的奖励，如去一个英语国家旅游或报名参加一门英语相关的课程。

设定目标可以帮助我们明确方向、制订计划、采取行动、监测进展、保持动力并实现成就。设定目标是一项重要且有用的技能，值得我们在生活中不断地练习和运用。

8.4 目标达成

在工作和生活中，无论是在个人发展、职业规划还是在企业经营管理方面，制订并达成目标都至关重要。达成目标是一个持续的过程，许多人在这个过程中会遇到挑战，一些人甚至无法顺利达成目标，从而导致时间和资源的浪费，这对个人或组织的发展都会产生不利影响。在达成目标的过程中，需要注意以下几点。

1. 预留处理问题的时间

在为任务分配时间时，应当考虑执行过程中潜在的不可预见因素，这些因素可能导致进度延误或计划调整。为有效应对此类挑战，建议在为每个任务设定时间后，额外设定一段缓冲时间或问题处理时间。尤其是在计划执行初期，预留的问题处理时间应更为充裕。随着经验的不断积累，我们对于计划执行的控制能力也将相应提升，可以逐步且合理地缩减预留的问题处理时间。

2. 充分休息

休息是为了让我们更好地应对工作和生活的挑战，充分地休息可以提高我们的生产力和创造力。不要过度追求工作效率，给自己留出一些时间来放松身心，这样才能更好地投入工作和生活中。在制订行动计划时，要合理安排休息时间和活动，比如适当地安排体育锻炼、冥想、散步等活动，可以帮助我们缓解压力、放松身心、提高注意力和工作效率。

3. 设定里程碑

里程碑是达成目标过程中完成各个任务的标志，它可以帮助我们清晰地了解达成目标的整体进度和关键节点，确保每个阶段都能够按照设定的时间表顺利推进。里程碑不仅是对过去努力成果的认可，更是为接下来的行动提供前进方向和动力的重要指引。

4. 提高自制力

在执行计划的过程中，不可避免地会遇到各种诱惑，如游戏、短视频等。这些诱惑可能会使我们的计划延误，阻碍我们顺利达成目标。因此，我们需要提高自制力，严格保持自律，以抵御外界的诱惑。我们可以采取一些措施，如将手机放在其他房间或关机。

5. 保持乐观和积极的心态

在达成目标的过程中，保持乐观和积极的心态是至关重要的。乐观并不意味着我们要相信目标会在某一特定时间自动实现，而是指我们要对自己克服达成目标过程中遇到的困难有信心。适时的自我奖励有助于保持积极的心态，如在达成某一里程碑后给予自己适当的奖励，这样不仅能增加成就感，更能激发继续前行的动力。此外，与拥有相似目标并且保持乐观和积极的心态的伙伴建立联系，不仅可以从他们那里学到新的知识与技巧，还能与他们相互激励，共同进步。

6. 懂得变通

计划虽详尽，但实际执行时往往充满变数。有时我们会因突发事件或特殊情况而无法按原定计划行事，导致任务中断。面对这种情况，切勿轻易放弃目标。相反，应根据实际情况灵活调整计划，继续朝着目标前进。

制订与执行计划是一个需要不断学习和完善的过程。遭遇挫折时，不要感到沮丧，而应将其视为一次学习的机会，从中汲取经验和教训。通过解决遇到的困难，我们不仅能变得更加坚韧，还能积累宝贵的经验，从而在未来面对挑战时更加从容不迫。

章节练习

如果你是一名项目经理，需要管理一个复杂的项目，涉及多个团队和部门的协作，需要达成多个阶段的目标。请设计一个目标管理方案，帮助自己有效地管理项目进度和目标。

提示： 在设计方案的过程中，可以从以下几个方面入手。

（1）确定项目的整体目标和各阶段的目标，明确每个目标的具体内容和实现方式。

（2）确定每个目标的时间和资源限制，分配合理的任务和工作量，协调各个团队和部门的工作。

（3）设计目标管理的工具和方法，如使用甘特图、任务清单等，对目标的实现过程进行监督和跟踪。

（4）设计沟通和反馈机制，及时汇报项目进展和问题，与团队和客户进行有效的沟通和协商。

（5）对目标的实现过程进行评估和调整，及时发现问题和瓶颈，并采取相应的措施进行调整和优化。

要求： 借助SMART原则设定目标，用MindMaster输出目标管理思维导图。

第9章　职业规划

职业规划可以帮助人们更好地规划自己的职业生涯，提高自己的职业竞争力。职业规划需要从自身出发，结合市场需求和个人兴趣爱好，设计出一条适合自己的职业发展路径，同时需要不断学习、积累经验和技能，提高自己的各方面能力。

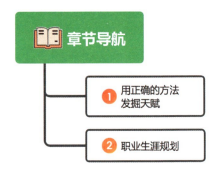

9.1 用正确的方法发掘天赋

每个人都有自己的天赋，也就是在某些方面或领域具备天生的能力。然而，很多人并不清楚自己的天赋是什么，也不知道怎样发掘自己的天赋。一些人甚至认为自己没有任何天赋，只能靠努力去追求成功。

那么，我们如何发掘自己的天赋呢？

首先，我们要尝试多参与不同类型和领域的工作或活动，挑战自己，发现自己喜欢且擅长做什么，以及在做什么时能够进入心流状态。

其次，我们需要不断学习新知识和技能，拓宽自己的视野和思维，提高自己各方面的能力，从而发掘自己潜藏的天赋。同时，与志同道合的人交流、合作和学习也是发掘天赋的重要途径，他们可以给我们提供更广阔的视角和更深刻的见解。

最后，要保持耐心，发掘天赋是需要时间的，不要因为一时看不到成果而放弃。

如何判断自己或他人是否具有某种天赋呢？我们可以从以下四个方面来判断，如图9-1所示。

第 9 章 职业规划

图9-1 天赋判断

1.自我效能

自我效能是指对于某些任务，你的信心很强，觉得自己肯定能做好。如果你对某些任务非常有信心，觉得自己可以成功，就说明你在这方面具有一定的天赋。例如，你对语言表达非常有信心，并且喜欢阅读、写作和沟通，那么你可能具有语言表达方面的天赋。

2.本能

本能是一种天生的、无须学习即可表现出来的行为模式或倾向，它是动物在进化过程中形成的一种先天性反应机制。本能行为通常是针对生存和繁殖等基本需求而自动触发的，不需要经过思考或教育就能执行。例如，我们可以通过观察和模仿他人的行为来学习运动、语言和其他技能。

3.成长

如果你在某个领域拥有较高的学习效率和较强的适应能力，并且能够快速掌握新知识和技能，说明你在该领域具有一定的天赋。例如，你对数学和逻辑推理非常敏感，并且能够轻松解决各种数学问题，那么你可能具有数学方面的天赋。

4.满足

满足是指当你做完某件事后，即使感到疲劳和困倦，心里依然会有满足感。那些让你沉浸其中、忘记时间、享受过程的事情，一定程度上反映了你内心深处需要和喜爱的东西。例如，你对绘画非常热爱，每画完一幅作品都会感到非常开心和骄傲，说明你在绘画方面可能具有一定的天赋。

以下三个步骤可以帮助你发掘自己的天赋，如图9-2所示。

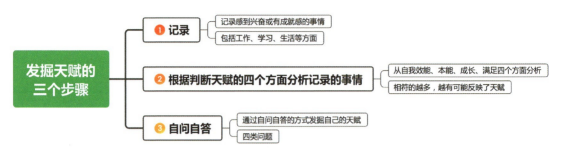

图9-2 发掘天赋的三个步骤

1.记录

用一周的时间,记录日常生活中让你感到兴奋或有成就感的事情。这些事情不一定与工作相关,也可以与学习、生活相关。比如,你看了一部激励人心的电影,或是在某个领域的学习中遇到了挑战并成功克服。记录下这些事情及你的感受。

2.根据判断天赋的四个方面分析记录的事情

从自我效能、本能、成长、满足四个方面分析记录的事情,相符的越多,就越有可能反映了你的天赋。

3.自问自答

你可以通过自问自答的方式发掘自己的天赋。例如,你可以问自己:我在哪些领域表现得比别人更出色?我喜欢做什么?我愿意为什么事付出时间和努力?我在做某件事情时是否能感到兴奋和成就感?我是否能够快速学习和提高能力?

发掘天赋的问题可以分为四类,如图9-3所示。

第一类问题与沟通相关:我能够教别人什么?别人常向我请教什么?我倾向于聊什么话题?什么话题让我更自信?

第二类问题与本能相关:我做什么事情时不会拖延?长时间休假后,我最想念工作的哪个方面?什么事情是我宁愿放弃休息时间也想做的?

第三类问题与成长或专注相关:什么事情能让我废寝忘食?我做什么事情时会暂时忘记娱乐?我在做什么事情时不容易感到疲倦和厌恶?

第四类问题与满足相关:在过去的工作和生活中,有什么事情让我获得了巨大的成就感和满足感?

第 9 章 职业规划

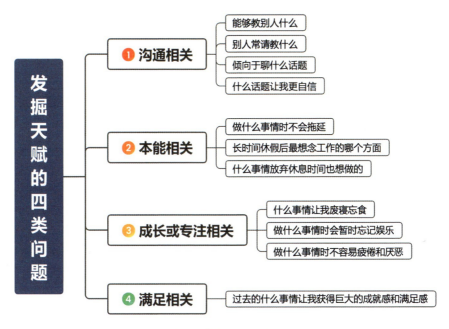

图9-3 发掘天赋的四类问题

9.2 职业生涯规划

职业生涯规划是指根据自己的兴趣、特长、能力和目标，选择一个适合自己的行业和岗位，并制订相应的学习和发展计划，以实现个人职业发展和人生价值。做好职业生涯规划，可以帮助我们找到自己的定位，明确自己的发展方向，提高自己的竞争力。

9.2.1 SWOT分析法

SWOT分析法是一种常用于个人职业规划的工具，包含S（Strengths，优势）、W（Weaknesses，劣势）、O（Opportunities，机会）、T（Threats，威胁）四个方面，如图9-4所示。

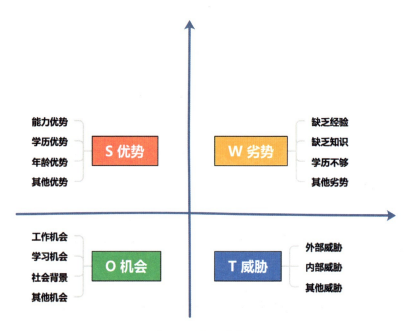

图9-4 SWOT分析法

使用SWOT分析法的具体步骤如下。

1.收集信息

先对自身进行全面的信息收集，包括内部信息和外部信息。内部信息包括个人的资源、能力、知识、经验、文化等方面，外部信息包括市场、行业、政策、经济等方面。

2.列出SWOT矩阵

将收集到的信息按照优势、劣势、机会和威胁四个方面进行分类，并将它们分别列在SWOT矩阵的四个象限中。

3.分析SWOT矩阵

分别分析每个象限中的信息，确定自身的优势、劣势、机会和威胁，以及它们之间的关系和影响。

4.制订行动计划

针对分析结果，制订合适的行动计划，利用优势和机会，克服劣势和威胁，实现个人的职业发展目标。

9.2.2 如何做好职业规划

职业规划可以按照以下六个步骤进行，如图9-5所示。

图9-5 职业规划的六个步骤

1.自我分析

自我分析是了解自己的基础，包括自己的兴趣爱好、能力特长、优势和劣势等。可以通过心理测试或咨询专业人士来进行。

2.职业探索

通过职业探索可以了解各个行业和岗位的特点、要求、前景等。可以通过网络搜索、阅读书籍、参加讲座或咨询从业者来进行。

3.职业选择

根据自我分析和职业探索的结果，确定一个或几个符合自己条件和期望的职业目标，并评估它们的可行性和风险。

4.职业准备

职业准备指为实现职业目标而制订具体的学习和发展计划，并积极执行。可以通过参加培训课程、实习等方式来进行。

5.职业进入

通过求职活动，如撰写简历、投递简历、参加面试等方式，寻找并获得理想的工作机会。

6.职业发展

在工作中不断学习和成长，提升自己的专业水平和综合素质，争取更多的晋升机会，并根据市场变化和个人需求调整自己的职业规划。

MindMaster攻略：用MindMaster制作SWOT自我分析思维导图，如图9-6所示。

优势：沟通能力强，能够和不同层级、不同背景的人进行有效沟通。学习能力强，善于自主学习并不断更新知识和技能。适应能力强，能够快速适应新的工作环境和任务。自我激励能力强，能够在压力下保持积极向上的心态。

劣势：缺乏团队经验，不擅长和他人协作。缺乏领导经验，在工作中主动承担责任和引领他人的能力不足。缺乏跨文化交流经验，对其他国家和地区的文化和习惯了解不足。缺乏营销知识，不够了解市场和客户需求。

机会：有机会在工作中积累团队合作和领导经验，提升自己的领导力和管理能力。有学习和成长的平台，可以不断提升自己的专业技能和知识水平。有机会参加国际项目，了解其他国家和地区的文化和习惯。在科技快速发展的背景下，有机会学习和应用新技术和新业务模式。

威胁：市场竞争激烈，自身专业技能和知识水平需要不断更新和提升。经济环境和行业发展不确定性增加，需要不断调整和适应自己的职业规划和目标。工作压力和挑战不断增加，需要不断提高自己的抗压能力和应变能力。个人和组织发展的风险和不确定性增加，需要保持敏锐的市场感知力和战略眼光。

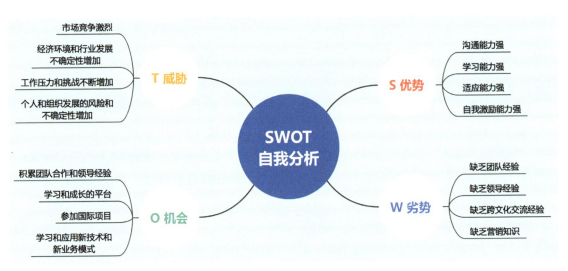

图9-6　SWOT自我分析

基于以上SWOT分析，我们可以考虑在工作中积极参与团队合作和领导项目，提升自己的领导力和团队合作能力；利用公司提供的学习平台和机会，不断提高自己的专业技能和知识水平；积极参加国际项目。

> **章节练习**

假设你是一个刚进入职场的年轻人,想要规划自己的职业发展路线,请设计一个职业规划方案,帮助自己实现职业目标。

提示: 在设计方案的过程中,可以从以下几个方面入手。

(1)确定自己的职业兴趣和优势,了解自己的个性和价值观,明确自己想要从事的行业和岗位。

(2)确定职业发展目标,制订明确的计划表,包括短期、中期和长期的计划。

(3)寻找合适的机会和资源,积极参加职业培训和学习活动,不断提高自己的技能和知识水平。

(4)建立个人品牌和形象,包括简历、面试、社交媒体等,塑造自己的专业形象和声誉。

(5)持续反思和调整职业规划,根据职场变化和自身成长,适时调整职业目标和计划,不断提高自己的能力和竞争力。

要求: 借助SWOT分析法分析自己的优势、劣势、机会和威胁,用MindMaster制作一张未来3~5年的职业规划思维导图。

第四篇

高效学习，成功逆袭

在信息爆炸的时代，我们需要更加主动、清晰和高效地学习，以应对挑战和机遇。明确自己的学习目标和需求是非常关键的，我们不应盲目地追求掌握所有知识，而是应该有选择性地掌握对自己有价值、有意义的知识，避免被无关或低质量的信息干扰而分散注意力。

同时，在学习的过程中，我们需要掌握一些高效学习的工具、方法和技巧，这些工具、方法和技巧能够帮助我们系统化、结构化、逻辑化地组织知识，以提高我们对知识的理解、记忆和运用能力。

第 10 章 掌握科学记忆方法，轻松应考

掌握科学的记忆方法对于学习和工作都非常重要。科学的记忆方法可以帮助我们更快速、深入地理解和记忆知识，从而提高学习和工作的效率。相反，如果没有掌握科学的记忆方法，我们可能需要花费更多的时间和精力去学习和记忆相同的内容。

在学习和工作中，我们需要记忆和掌握大量的信息，如公式、流程等。科学的记忆方法可以帮助我们更好地掌握这些信息，提高自己的学习和工作能力。

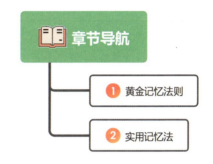

10.1 黄金记忆法则

10.1.1 艾宾浩斯遗忘曲线

艾宾浩斯遗忘曲线由德国心理学家赫尔曼·艾宾浩斯研究发现，描述了人类大脑对新知识的遗忘规律，如图10-1所示。艾宾浩斯发现，人类在学习新知识后，遗忘的速度并不是恒定的，而是先快后慢。他根据自己对无意义音节的记忆测试，绘制出了第一条遗忘曲线，并描述了记忆强度、记忆时间和复习次数之间的关系。

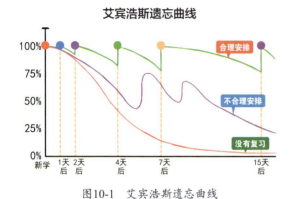

图10-1　艾宾浩斯遗忘曲线

艾宾浩斯遗忘曲线对于我们的学习和工作有重要的启示。第一，它告诉我们，在学习新知识后，应该及时进行复习，否则大部分新知识会在短时间内被遗忘。第二，如果在接近遗忘点的时候进行复习，那么记忆保持率会大幅提高，并且下一个遗忘点会延后；如果进行多次复习，并且按照一定的间隔周期进行复习，那么记忆保持率会长期保持在较高水平。

艾宾浩斯遗忘曲线是记忆心理学中一个经典且实用的概念，它为我们提供了一个科学而有效的记忆方法。在学习过程中，通过合理地安排学习和复习计划，并结合其他记忆技巧和策略，可以有效地提高我们的学习效率和记忆质量。

10.1.2　艾宾浩斯记忆法

艾宾浩斯记忆法是一种基于艾宾浩斯遗忘曲线原理来提高记忆力和学习效率的方法。它通过合理安排复习的时间和方式来抵抗遗忘，帮助我们形成长期记忆。这一方法是对人类大脑记忆机制进行研究和实践后总结出来的有效方法，如图10-2所示。

图10-2　艾宾浩斯记忆法

艾宾浩斯记忆法包括以下八个方面。

1.音节长度对学习速度的影响

艾宾浩斯经过一系列实验得出结论，人类大脑的最佳记忆单位为七个音节。若一句话超过七个音节，则记忆难度将相应增加。因此，采用分段记忆法，把较长的文本分解成若干句不超过七个音节的文本进行记忆，是一种行之有效的方法。

2.音节顺序对记忆保持的影响

当人们在记忆信息时，如果音节顺序被打乱，则句子间的逻辑关系与连贯性也会随之被破坏，导致记忆过程变得复杂且不易实现。因此，合理组织信息，确保其逻辑一致性，有助于记忆。

3.理解意义提升记忆效率

在面对需要记忆的看似无关联的词汇或数字时，无须过分担忧，因为大多数待记忆材料均有明确的意义和内在联系。通过对材料的意义进行理解，记忆效率将显著提高。

4.重复在加强记忆中的作用

依据艾宾浩斯遗忘曲线，人们在学习初期会迅速遗忘大量信息，但通过及时复习可以延缓遗忘，并促进信息向长期记忆转变。艾宾浩斯推荐的复习时间间隔分别为5分钟、30分钟、12小时、24小时、48小时、96小时、168小时及360小时。

5.关联在提升记忆效果中的重要性

重复记忆仅能使信息暂时停留在脑海中，而将新信息与已有知识建立联系则可生成持久记忆。此过程可通过类比、联想及归纳等手段实现，如用图像替代文字、以故事串联知识点或通过类比理解抽象概念等。

6.将知识系统化构建知识框架

使用思维导图等工具将知识系统化有助于对知识进行结构性整理，明确知识体系层级（如一级、二级、三级知识），从而形成清晰的认知框架，便于后续填充细节。

7.了解个人记忆的优势与不足

不同个体在记忆方式上存在差异，有的人倾向于听觉记忆，有的人则偏好视觉记忆。只有明确自身优势所在，方能充分发挥记忆潜能。

8.记忆过程中专注的重要性

保持高度专注有助于提升记忆效率与质量。卓越的记忆力本质上反映了高度集中的注意力。当我们将注意力集中于记忆活动时，即便缺乏高级技巧，记忆速度也将明显提升。相反，记忆过程中出现分心、走神等情况，则难以形成深刻且持久的记忆。

10.2 实用记忆法

实用记忆法是借助一系列技巧和方法来提高记忆能力的记忆方法，包括宫殿记忆法、关键词记忆法、图像记忆法等。这些方法基于记忆图像、关键词等信息比较容易的原理。实用记忆法流程如图10-3所示。

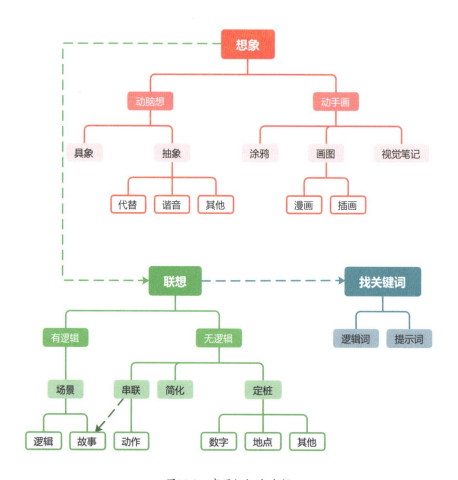

图10-3 实用记忆法流程

10.2.1 宫殿记忆法

宫殿记忆法又称走图法，可以帮助人们记忆大量的信息。它利用大脑对视觉信息的记忆力，将要记忆的信息与一些熟悉的地点联系起来。

具体实践过程如下。

（1）选择一些你非常熟悉的地点，如你家的各个房间。

（2）将要记忆的信息与这些地点相关联，如你要记忆一张购物清单，可以将第一项与你家的门厅相关联，第二项与客厅相关联，以此类推。想象自己在这些地点看到了与要记忆的信息相关的事物。

这种方法适用于记忆有序的信息，如演讲大纲、事件的时间线等。通过将信息与地点联系起来，我们可以更容易地记忆这些信息。

案例如下。

假设你需要记忆购物清单中的五种食物：苹果、香蕉、牛奶、鸡蛋和面包。

你可以将这五种食物与你家的房间相关联，如图10-4所示。

图10-4 宫殿记忆

门厅 - 苹果：想象你打开家门，看到门厅里放着一个装满苹果的篮子。

客厅 - 香蕉：想象你走进客厅，看到客厅的茶几上有几根香蕉。

餐厅 - 牛奶：想象你走到餐厅，看到餐桌上放着一瓶牛奶。

厨房 - 鸡蛋：想象你走进厨房，看到锅里正煮着鸡蛋。

卧室 - 面包：想象你进入卧室，床上铺着几片面包，好像有人在床上吃早餐。

通过这种方式，当你需要回忆购物清单时，只需按照顺序在大脑中模拟走过这些房间，就能够轻松地回想起这五种食物了。

10.2.2 关键词记忆法

关键词记忆法的基本思想是将需要记忆的信息拆分成若干个关键词，然后将每个关键词与一个容易记忆的形象联系起来，从而帮助记忆。

关键词记忆法的基本流程包括：确定需要记忆的信息、将信息拆分成关键词、找到每个关键词对应的形象、将关键词与形象联系起来。

关键词记忆法不仅可以提高记忆效率，还可以增加记忆的乐趣。同时，它也是一种非常个性化的记忆方法，因为每个人对于不同的形象都会有不同的印象。

例如，要记忆《诗经·卫风·硕人》中的一句"庶姜孽孽，庶士有朅"，意思是随嫁的姜姓众女衣着华丽、光彩照人，从嫁的媵臣威武雄壮、气势不凡。

这段诗句可以拆成两级关键词：一级关键词"庶姜""庶士"，二级关键词"孽孽""有朅"，如图10-5所示。

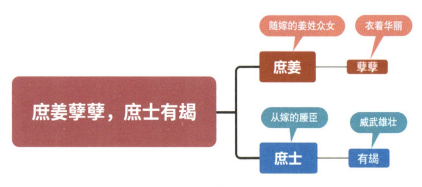

图10-5　关键词记忆法

10.2.3　图像记忆法

图像记忆法是指通过图像来帮助记忆，即将需要记忆的信息转化为图像，以此来加强记忆。以下是使用图像记忆法的步骤。

（1）确定需要记忆的信息：如数字、单词、名字、日期。

（2）通过谐音或联想将信息转化为图像：可以根据谐音将数字转化为事物的图像，如把"25"转化为"二胡"的图像，把"38"转化为"妇女"的图像，如图10-6所示。

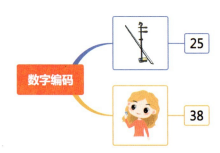

图10-6　图像记忆法：数字编码

（3）将多个图像联系在一起形成场景：可以将多个图像联系在一起，形成一个有序的场景。

（4）反复练习，加深记忆：对场景和其中的图像进行复述，反复练习，直到记忆牢固。

图像记忆法适用于需要记忆图像、符号、图表等信息的场合，也适用于需要记忆较多信息的场合。需要注意的是，图像记忆法可以根据个人的学习习惯和具体的记忆任务进行调整和改变。

章节练习

目标： 通过实践不同的记忆技巧，提高信息的记忆效率和长期保持能力。

准备材料： 笔记本、笔、一张包含不同类型信息（如数字、单词、短句等）的列表。

练习步骤：

（1）仔细阅读并理解本章中介绍的各种记忆技巧。

（2）选择一种你认为适合自己的技巧，并尝试使用该技巧记忆列表上的信息。

（3）练习10分钟后，尝试不看列表复述信息。

（4）选择另一种记忆技巧，尝试使用该技巧记忆列表上的信息，练习10分钟并尝试不看列表复述信息。

（5）比较两种技巧的效果，思考哪种技巧更适合你。

（6）根据个人体验调整你的记忆策略，并继续练习。

提示： 确保在练习过程中保持注意力高度集中，尽量避免外界干扰，这样可以拥有最佳的学习效果。同时，建议你记录下每次练习的情况和效果，这有助于你观察自己的进步情况并调整学习策略。

要求： 定期进行记忆测试和评估，了解自己的记忆效果和进步情况，及时调整记忆训练方案和方法。

第11章 掌握学习技巧，拒绝低水平勤奋

在快节奏的信息时代，我们都面临着巨大的学习压力。对于许多人来说，勤奋是应对学习任务的唯一方法。然而，低水平的勤奋，即盲目地投入大量的时间和精力，却未必能带来理想的效果。低效的学习方式可能会消耗我们大量的体力和心力，让我们事倍功半。那么，如何摆脱低水平勤奋，提高学习效率呢？本章将为你揭示高效学习的秘诀，介绍行之有效的学习技巧和实用的学习工具，助你构建知识体系，从而取得更好的学习效果。

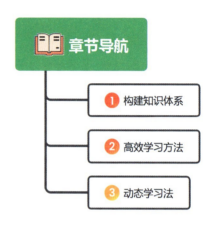

11.1 构建知识体系

构建知识体系指将知识按照一定的逻辑和结构组织起来，形成一个有层次、有关联、有价值的整体。构建知识体系可以帮助我们更好地理解、记忆和应用知识，提高个人的学习能力和思维水平。

11.1.1 什么是知识体系

知识体系是个人或组织所拥有的，经过整理、归纳、分类、关联等处理的知识集合，它不仅包括事实、数据、概念等基础知识，也包括经验、技能、智慧等高级知识。一个完整的知识体系应该具有清晰的结构，以及高度关联性和可操作性，能够帮助人们更好地理解、应用和传递知识，从而提高学习、工作和创新的效率。知识体系在个人和组织的成长和发展中都具有重要的作用，它可以帮助人们更好地组织和管理知识，提高工作效率和质量，促进知识共享和合作，推动创新和进步，如图11-1所示。

第 11 章 掌握学习技巧，拒绝低水平勤奋

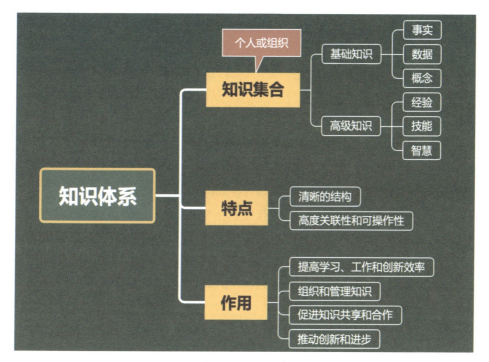

图11-1 知识体系

对于普通人而言，我们并不需要构建十分庞大的知识体系，只需要将学到的知识融合进我们自己的理解中，构建出一个带有我们自己特色的知识体系即可。

构建一个知识体系需要经过三个步骤。

第一步：从不同的来源获取不同类型的知识，如不同领域、不同类型的书籍、文章等。

第二步：准备存储知识的空间，如知识管理软件、笔记本等。

第三步：将这些知识进行分类整理，形成一个有机且易于访问的知识体系。这样，当需要使用这些知识时，就能够迅速地找到并运用。

在开始构建知识体系之前，需要选择一个合适的工具来辅助这一过程。推荐使用MindMaster，它可以帮助我们可视化地组织和管理知识。

构建知识体系是一项长期且细致的工作。下面介绍如何利用MindMaster逐步建立和维护知识体系。

1.知识获取

知识体系的构建始于广泛的积累。这意味着我们需要不断地输入新的知识，并确保这些知识能够相互连接，形成一个网状结构。

2.知识整理

随着知识的逐步积累，下一步便是知识整理。将相似或相关的知识归类整合，形成一个个独立的知识模块。例如，我们对学习方法感兴趣，可以将与科研练习、主动阅读、编码技巧等相关的知识汇集起来，并将这些知识组织成一个知识模块。

知识整理不仅能够帮助我们更深入地理解知识之间的联系，还能推动知识的实际应用。具体步骤如下：

（1）分类整理：识别并整理出所有与特定主题相关的知识。

（2）模块构建：将这些知识按照逻辑关系或功能相似性组合成模块。

（3）结构化呈现：利用思维导图或其他可视化工具，将各个模块及内部结构清晰地呈现出来。

3.知识迭代

在实践中，我们会发现一些学过的知识无法有效应用，或者容易遗忘。这时我们就需要对知识体系进行迭代和优化。这是一个不断反馈和修正的过程，目的是让我们的知识体系更加符合个人的需求和发展方向。

构建知识体系如图11-2所示。

图11-2　构建知识体系

11.1.2 知识系统化

知识系统化是将散乱的知识点有机地结合起来，形成一个完整、有机的知识体系的过程。

在知识系统化的过程中，一个关键的步骤是整理、分类和归纳各种知识点。我们需要对每一个知识点进行深入理解和思考，以便将它们与其他知识点联系起来，形成更为全面的知识体系。此外，我们还需要不断地补充新的知识点，将它们有机地融入已有的知识体系中。

如果想要将碎片化的知识系统化，我们需要一些思维工具的帮助，以梳理那些杂乱的知识点，最终形成一个完整的知识体系。思维导图是最合适的工具之一。从功能上来看，制作思维导图的过程就是将所有的知识点串联起来的过程。在这个过程中，我们需要思考这些知识点之间是包含关系还是并列关系，需要向下延伸还是向上总结。

11.1.3 知识体系构建

构建知识体系可以分为三个步骤，如图11-3所示。

1.确定目标方向

我们要明确自己想要学习什么领域或主题的知识，以及学习的目的和意义。这可以使我们找到核心问题，确定学习的范围和重点，避免浪费时间。

2.收集并整理信息

我们要广泛地阅读、观察、实践、交流，从各种渠道获取相关的信息，并归纳为数据、知识和智慧三个层次。数据是最基础的事实，知识是对信息的理解，智慧是对知识的运用。

3.构建并完善结构

我们要运用一些工具和方法，如思维导图，将收集到的信息按照一定的逻辑和关系组织起来，形成一个清晰、可视化的结构。这可以使我们发现信息之间的联系和差异，梳理出重要和次要的信息。

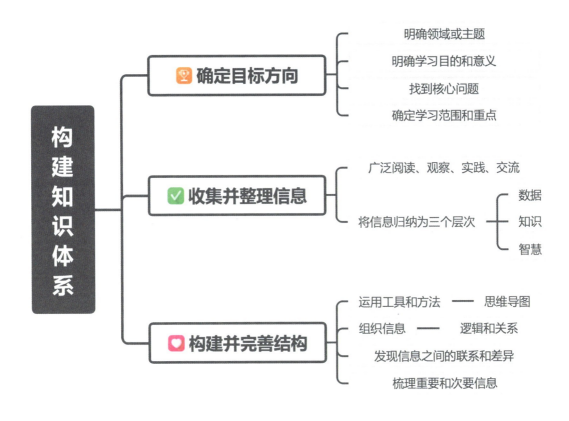

图11-3 构建知识体系

11.2 高效学习方法

在学生时代,我们常常会羡慕身边的某些同学——他们似乎能够轻松地掌握知识,而我们费尽心思,却仍然难以达到同样的水平。他们之所以能够轻松掌握知识,是因为他们掌握了一套高效的学习方法。下面将介绍一些高效学习方法,帮助大家轻松掌握知识。

11.2.1 费曼学习法

费曼学习法简单来说就是以教促学,其核心就是通过复述概念并反馈结果来加深记忆,如图11-4所示。

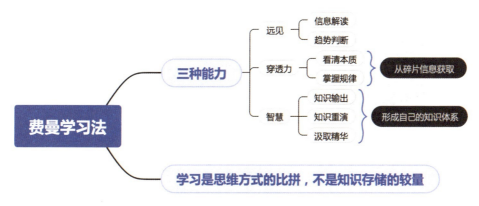

图11-4 费曼学习法

费曼学习法是一种通过教授他人来检验和强化自己学习成果的方法。这种方法可以帮助我们发现并填补知识盲区。当我们尝试用简单的语言解释一个概念时,经常会发现自己难以流畅表达,我们往往误以为这是因为我们的表达能力存在问题,实际上是因为我们存在知识盲区,即我们对该概念的理解并不全面。

费曼学习法的核心在于通过教授他人来发现知识盲区。当我们教授他人时,必须清晰地梳理思路,这有助于我们发现逻辑漏洞和知识缺口,进而促使我们更深入地学习和理解知识。

费曼学习法可以简化为四个关键词:概念、教授、回顾、简化。费曼学习法的基本思想如图11-5所示。

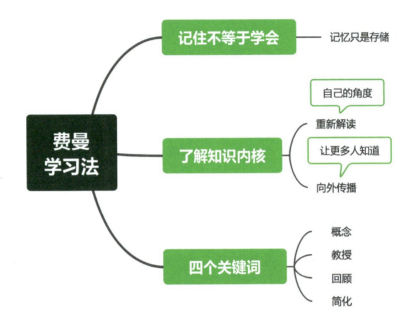

图11-5 费曼学习法

1.概念

明确概念：确定你想要学习的具体概念。

记录概念：将需要学习的概念写在纸上，以帮助记忆和复习。

深入理解：通过主动查阅书籍、观看教学视频或请教老师等方式，全面了解并熟悉这个概念。确保自己理解其定义、应用场景及与其他相关概念的关系。

2.教授

复述概念：向身边的人复述你所学习的概念，如果没有人可以交流，可以假装自己是一名老师，周围的物品是学生，向它们讲解这个概念。

简化语言：尽量使用简单明了的语言来解释复杂的概念，这样可以帮助自己更好地理解并消化概念。

检验掌握：通过复述概念检验自己对概念的掌握程度，确认是否存在理解上的偏差或遗漏。

3.回顾

识别薄弱点：在复述过程中，可能会遇到一些难以表达或理解不清的地方，这些就是你的薄弱点。

强化学习：针对这些薄弱点进行重新学习和巩固，直到能够完整流畅地复述该概念为止。

4.简化

简化核心：在理解某个概念之后，进一步提炼其核心内容，使用更简洁或通俗的语言来表达。

建立联系：通过联想、类比等方法，将新学习的概念与已有的生活经验和知识体系建立联系，从而加深记忆。

归纳逻辑：确立思考的主要逻辑，使知识结构更加清晰。

验证效果：通过实际应用或测试，验证自己对概念的理解和掌握程度。

反馈修正：根据验证结果，反馈正确的理解和错误的认识，进一步完善知识体系。

消化成果：将经过简化和归纳的概念内化为自己的知识储备，使之成为未来学习和工作的基础。

11.2.2 康奈尔笔记法

康奈尔笔记法由康奈尔大学的Walter Pauk博士发明。这种学习方法被广泛运用于上课、读书、复习、记忆、会议记录等方面。

康奈尔笔记法把笔记本的一页划分成三个区域：线索区、笔记区和总结区。在学习时，将笔记写在笔记区，注意保持笔记的整洁。学习完毕后，根据笔记区中的笔记回顾学习过程并提取关键内容，以关键词或短语的形式写在线索区。最后，用自己的话在总结区总结学习的内容。康奈尔笔记法如图11-6所示。

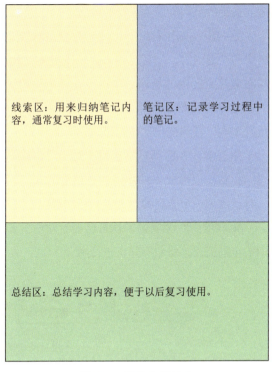

图11-6　康奈尔笔记法

具体步骤如下。

第一步：把笔记本的一页划分为三个区域。左侧一栏为线索区，右侧一栏为笔记区，底部一栏为总结区。

第二步：将学习过程中的笔记写在右侧笔记区。尽量使用简洁的语言，善用符号和缩写。

第三步：找出学习中的关键内容，写在左侧线索区。注意，线索区只记录要点和问题，关注关键的字词和最为重要的概念。

第四步：遮住右侧笔记区，看着左侧线索区中的关键内容，用自己的语言复述相关知识。与右侧笔记区中的笔记对比，检查对相关知识的复述是否正确；如果不正确，则继续复述；重复多次，直到记住这些知识。

第五步：在底部总结区写下对学习内容的总结，便于以后复习使用。通过这种方式，训练自己成为一个合格的思考者和写作者。

第六步：回溯笔记，让自己拥有对所学知识的全局把控，将新旧知识进行融合。

第七步：进行反思，问自己一些有价值的问题。

11.2.3 西蒙学习法

西蒙学习法是诺贝尔经济学奖获得者希尔伯特·西蒙教授提出的一个理论：对于一个有一定基础的人来说，只要真正肯下功夫，在6个月内就可以掌握任何一门学科。西蒙学习法的原理是将知识"分而治之"，通过将学科拆分为一个个小部分，集中精力学习，逐步掌握这门学科。

西蒙学习法可以划分为四个步骤，如图11-7所示。

（1）选择一门学科。

（2）拆分这门学科，得到若干个比较容易学习的小部分。

（3）持续学习6个月，逐个击破每个拆分出来的小部分。

（4）掌握这门学科。

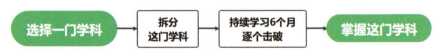

图11-7 西蒙学习法的步骤

拆分是一种有效降低问题难度的方法。将复杂问题拆分为简单问题后，我们可以逐个击破简单问题，从而最终解决复杂问题。

西蒙学习法的本质

西蒙学习法可以看作一把锥子，如图11-8所示。正如居里夫人所说："知识的专一性像锥尖，精力的集中好比是锥子的作用力，时间的连续性则好比是不停顿地使锥子往前钻进。"西蒙学习法的本质是将知识拆分为若干个专一部分，然后不断集中精力学习和应用，这样时间连续的学习就像一把锥子持续不断地往前钻进。

图11-8　西蒙学习法的本质

11.2.4　SQ3R阅读法

SQ3R阅读法是美国依阿华大学的罗宾森提出的。他于1946年在其所著的《成人学习》一书中首次提出了这种学习方法。SQ3R阅读法有五个步骤：浏览（Survey）、提问（Question）、阅读（Read）、复述（Recite）和复习（Review），如图11-9所示。这种方法可以帮助我们更有效地理解和记忆文章内容，同时还能够提高我们的阅读技巧和思考能力。

图11-9　SQ3R阅读法的五个步骤

1.浏览

浏览整篇文章的标题、段落标题，大致了解文章内容。这有助于我们对文章的结构和主要观点有一个整体的认识。

2.提问

针对文章提出问题，以帮助自己更好地理解文章的细节和信息。这些问题可以关于文章内容、主题、结构或作者意图等方面。

3.阅读

将注意力集中在需要解决的问题上。在阅读过程中，尝试回答之前提出的问题，并注意文章中的重要信息和细节。

4.复述

复述文章内容，以更好地理解和记忆文章的内容。

5.复习

复习文章内容，以巩固对文章的理解。可以通过回顾之前提出的问题和复述的内容来完成。

11.3 动态学习法

动态学习法是一种基于学习者的兴趣、需求和目标，灵活调整学习内容、方法和进度的学习方法。动态学习法强调学习者的主动性和创造性，以及与教师和同伴的互动和合作。

11.3.1 动态学习法特点

动态学习法有助于提高学习者的学习效率和效果，培养学习者的终身学习能力和素养。动态学习法是一种以实践为基础的学习方法，它主要依靠实际操作和经验积累来辅助学习和记忆。与传统的静态学习法不同，动态学习法更强调学习者在实际操作中积累经验和知识，通过不断地试错和反思来提高学习效果。

动态学习法有以下四个特点，如图11-10所示。

图11-10 动态学习法的特点

（1）以学习者为中心，关注学习者的个性、差异、优势和潜能，尊重并满足学习者的不同需求。

（2）以问题为导向，激发并维持学习者的内在动机，引导学习者主动寻找、分析和解决实际问题。

（3）以过程为重点，注重培养学习者的思维方式、方法技能和情感态度，促进学习者在不断反馈中改进自己的行为。

（4）以结果为评价，考核学习者对知识、技能和价值观的掌握程度，鼓励学习者展示自己的学习成果。

11.3.2 如何用好动态学习法

要用好动态学习法，以下是一些建议。

（1）根据自己的优势和兴趣，选择合适的学习领域和方向。不要盲目跟风或被动接受，而要有自己的判断。

（2）制订清晰的学习目标和计划，将其分解为具体的任务和步骤。根据任务的难易程度、重要性和紧迫性，安排合理的时间和顺序。

（3）根据不同的任务类型，选择合适的学习方法。例如，对于知识型的任务，可以采用阅读、笔记、复述等方法；对于技能型的任务，可以采用模仿、练习、反馈等方法；对于创造型的任务，可以采用联想、拓展、改进等方法。

（4）根据自己的学习状态，调整学习节奏和强度。在精力充沛时，可以完成高难度或高重要性的任务；在精力不足时，可以完成低难度或低重要性的任务；在精力恢复时，可以进行复习或总结。

（5）定期检查自己的学习效果，并及时进行反馈和改进。通过测试、评估、比较等方式，了解自己掌握了多少知识或技能，并找出自己存在哪些问题或不足；通过修改、补充、深化等方式，解决问题或弥补不足，并推动自己对知识或技能的理解与运用。

11.3.3 知识和行动

知识是指人们获得的信息和经验，而行动则是指将这些知识应用于实践。知识和行动是相辅相成的，只有掌握了知识并付诸实践，才能实现真正的成功。

学习知识很重要，但只有将学到的知识付诸实践才能真正获得成果。

学习是一个动态的过程，需要不断地复习和练习。这也是动态学习的概念。静态学习只是通过学习理论和知识来获取知识，只能带来有限的益处。在动态学习的过程中，学习者需要将所学的知识与实际情况相结合，并不断地进行试错、反思和改进。只有不断地尝试和实践，才能真正将知识转化为行动，获得实际的收益。

学习不仅是获取知识，更重要的是将知识转化为实际行动。如果我们只是停留在静态学习的层面上，那么我们所学习的知识就只是纸上谈兵，没有任何实际用处。只有将知识和行动相结合，才能真正发挥知识的价值。因此，我们应该注重动态学习，将所学的知识应用到实际工作或生活中，并通过不断实践和反思来完善自己的知识体系。

那么，知识和行动之间的关系是什么样的呢？以英语学习为例，如图11-11所示。我们需要学习一些基本概念和规则，如语法、词汇和发音，这是静态学习，即知识；我们还需要学习听、说、读、写，这是动态学习，即行动。我们需要通过听力练习来逐渐适应英语的音调和节奏，通过口语练习来提升口语流畅度和准确性，通过阅读来理解英语的文章结构和语言习惯，通过写作来加强自己的表达能力。

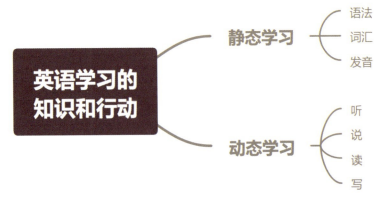

图11-11　英语学习的知识和行动

同样，学习运动也需要将知识和行动相结合。在学习一项新的运动技能时，我们需要了解它的规则、基本动作和技巧，这是静态学习；而我们还需要进行实践，如通过反复练习来加强肌肉记忆，逐渐适应动作和节奏，这是动态学习。

11.3.4 学习中的宏观套路和微观体感

宏观套路和微观体感在学习中是相辅相成的。宏观套路主要关注学习整体的策略、计划和目标，而微观体感则关注学习具体的细节、技巧和感觉。

宏观套路是学习的框架，它帮助我们设定明确的学习目标、制订合理的学习计划，并合理安排学习时间。宏观套路让我们能够更有条理地进行学习，更有效地实现目标。

微观体感则侧重于学习过程中的个体体验，包括对知识的理解、技能的运用及情感的体验。通过关注微观体感，学习者可以更深入地掌握知识和技能，更好地应对具体的学习挑战。微观体感让我们能够在实践中不断调整和优化学习方法，从而提高学习效果。

总之，宏观套路和微观体感在学习中是相互依赖、相互促进的。宏观套路为我们提供了一个清晰的学习方向和计划，而微观体感则帮助我们更好地把握学习过程中的细节，如图11-12所示。通过整合宏观套路和微观体感，我们可以更加全面、深入地进行学习，更有效地实现学习目标。

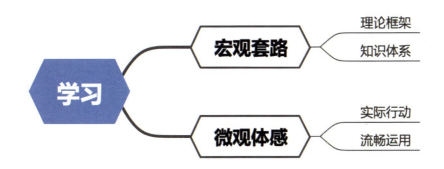

图11-12　宏观套路和微观体感

例如，在学习游泳的过程中，宏观套路指的是教练教授我们的游泳理论知识和技巧，如游泳姿势、呼吸方法等。

微观体感则指的是在实际游泳时，我们需

要不断调整和掌握的微小技巧和动作。例如，在游泳时，我们需要调整身体姿势、动作及呼吸节奏等。这些微小的技巧和动作，只有在实践中通过不断地尝试、调整和体验才能逐渐掌握。

从别人那里我们可以学到宏观套路，但无法学到微观体感，因为微观体感只能从每次行动中感受和领悟。

知识赋予人们理性与智慧，然而，行动才是将知识转化为实际价值的关键途径。在如今这个获取知识越发容易的时代，我们面临着如何将所学知识转化为实际价值的挑战。只有将知识付诸实践，我们才能真正收获成果。因此，我们应关注知识的实际应用，将其融入日常生活与工作，以充分发挥知识的作用。与此同时，保持积极态度与行动力，不断探索、学习，迎接挑战与机遇，方能实现我们的目标和梦想。

章节练习

系统地整理某一学科的知识，并用MindMaster制作知识体系思维导图。

提示： 设计思维导图可以从以下几个方面入手。

确定知识领域和学科范围：确定自己要构建的知识体系所覆盖的范围和内容，有助于明确自己的知识结构和梳理知识层次。

系统地整理和归纳已有的知识：通过梳理自己所学的知识和理论，形成层次清晰的知识框架，有助于形成自己的知识体系。

建立知识分类和标签体系：通过建立分类和标签体系，可以方便自己对知识进行分类和检索。

不断补充和更新知识内容：通过不断阅读、学习和探索，不断补充和更新知识内容，完善自己的知识体系。

分享和交流知识：与其他人分享和交流自己所学的知识和学习经验，有助于拓展自己的视野和加深对知识的理解和掌握。

要求： 使用MindMaster输出学科知识框架思维导图，再把每一个知识模块用思维导图输出。